U0040158

世茂出版有限公司
智富出版有限公司
世潮出版有限公司

印度吠陀數學

Vedic Mathematics
Pradeep Kumar

秒算法

普拉地·庫馬◎著作
羅倩宜◎翻譯

獻給我最敬愛的祖父
Late Hazari Prasad Singh
感謝他鼓勵我要出類拔萃

前言

　　吠陀數學是一種用實例來說明的快速計算法。這個神奇的工具在算術領域是獨一無二的法門，其效用有二：

- 幫助學生增進計算速度
- 有益於準備ＭＢＡ／ＣＡＴ測驗（電腦適性測驗，Computerized Adaptive Testing，簡稱ＣＡＴ）。

如何使用本書

　　首先，你必須讀完乘法的相關運算，將書裡面有關乘法的運算實例全部學會。而且你必須將每個主題的習題都確實做過一遍，才能完全理解此運算技巧。在乘法運算學會後，再開始學平方以及立方的運算技巧。

　　往後只要遇到乘法，都試著用本書所教的公式和技巧來運算。如果光是將本書從第一頁讀到最後一頁，是沒有長期助益的。如果你想要有實質的獲益，請養成習慣，用本書介紹的方法作計算。

　　當你熟練乘法技巧後，就可以進階到除法、平方根和立方根的運算了。

　　※注意：沒有完全弄懂除法前，請不要去讀立方根的部分，因為此兩者有關聯性。如果不了解除法就去作立方根運算，只會徒勞無功。並且請在熟悉除法、平方根和立方根的計算後，養成隨時使用這些運算技巧的習慣。而關於聯立方程式的運算則隨時都可以學。

給愛好數學的讀者們：

目前為止我遇到的每個人都大力讚揚「吠陀數學」的好處。雖然許多人都有「吠陀數學」的相關書籍，卻無法好好運用它。我發現那是因為運算步驟說明得不夠詳盡所致。

所以，我盡可能將本書的每個步驟都詳細地解說。如果你已經能夠理解本書所解說的「秒算法」，那麼，請將這本書推薦給你的親朋好友。

本書的訂價合理，目的是希望藉由本書將來自古印度天文學理論的「吠陀」知識以最快的速度散播至世界各個角落。

我非常歡迎讀者們對本書提出改進的意見。

普拉地・庫馬

資訊科技暨商業管理雙碩士

印度管理學院・班加羅爾分校

目　錄

除法

平方

乘法

乘法是加減乘除四種運算裡最難的，學生們老是對乘法感到頭痛。

　　在本書裡，我會更詳細地解釋乘法。

　　為了方便理解，我把乘法這個章節分成幾部分，每一部分都會舉許多實例，運算步驟也會清楚地加以解說。如果這樣能夠有助於學習，那就是我最大的回報。

第一公式

　　我把它稱為「第一公式」，因為我認為要學秒算法，一定要從這裡開始。我會用很多例子來說明這個公式。

二位數×二位數

範例：

$$\begin{array}{r} 65 \\ \times 65 \\ \hline \end{array}$$

一般你會怎麼解這題乘法呢？

$$
\begin{array}{r}
65 \\
\times\,65 \\
\hline
325 \\
390 \\
\hline
4225
\end{array}
$$

你用了哪些運算步驟呢？

- 首先，將65乘以5，然後把得出來的結果（325）寫在橫線下方。
- 接著再用65乘以6，將得出來的結果（390）寫在第2行右邊空1格處。
- 然後把第1行和第2行的數字加起來，先把最右邊的數字往下移，然後其他數字再逐一加總。
- 得到的答案為4225。

接下來，讓我們用第一公式來計算

$$
\begin{array}{r}
65 \\
\times\,65 \\
\hline
4225
\end{array}
$$

這是怎麼得來的呢？
- 我們將5乘以5，得到25後，放到答案最右邊的兩位數。
- 然後用左上方的6加1，得到7。

- 用 7 乘以左下方的 6，得出42後，寫在答案最左邊的兩位數。
- 結果得到4225的正確解答。

你明白了嗎？
用剛才的公式再算一次！

我們再說明一次!!

$$\begin{array}{r} 75 \\ \times 75 \\ \hline 5625 \end{array}$$

- 用 5 乘以 5，得到25後，放在最右邊的兩位數。
- 然後用左上方的 7 加 1，得到 8。
- 用 7 乘以左下方的 8，得出56後，寫在答案最左邊的兩位數。
- 結果得到5625的正確解答。

現在你應該很清楚這種算法了。
同樣的公式我們可以做下列的計算：
15×15、25×25、35×35、45×45、55×55……等。
沒錯，你現在一定很好奇，有一堆問題。
你想問的是，這個公式只能用在個位數是5的數字嗎？

答案是否定的，並不限於此。

讓我們更進一步使用這個公式！

這個公式可以用在許多二位數和三位數的乘法。

＊前提

左邊數字必須相同，右邊數字的總和必須等於10

範例：

$$\begin{array}{r} 66 \\ \times 64 \\ \hline 4224 \end{array}$$

在這個例子當中，左邊的數字同樣都是6，右邊數字加起來為10，因此我們可以運用剛才的公式。

那麼，下面這幾題可不可以用同樣的公式呢？

(1)
$$\begin{array}{r} 67 \\ \times 63 \\ \hline 4221 \end{array}$$

(2)
$$\begin{array}{r} 68 \\ \times 62 \\ \hline 4216 \end{array}$$

(3)
$$\begin{array}{r} 69 \\ \times 61 \\ \hline 4209 \end{array}$$

可以，我們可以用同樣的公式來計算，因為這些算式最左邊的數字，也就是十位數都相同，最右邊即個位數的總和都等於10。

接下來，你心裡一定有個疑問，在剛剛的第三題裡，9乘以1等於9，但是，為什麼我們要寫上09呢？理由很簡單，從前面幾個例子就能得知，最右邊得到的數字一定要為二位數，可是9乘以1只有一位數，也就是9。那該怎麼辦呢？要怎麼利用這個答案又不改變它的數值呢？只要在左邊加個0就可以了。現在，看看剛才的公式可不可以用在下面的範例：

(1)
$$\begin{array}{r} 46 \\ \times 44 \\ \hline \end{array}$$

(2)
$$\begin{array}{r} 47 \\ \times 43 \\ \hline \end{array}$$

(3)
$$\begin{array}{r} 48 \\ \times 42 \\ \hline \end{array}$$

(4)
$$\begin{array}{r} 49 \\ \times 41 \\ \hline \end{array}$$

我相信你的答案是肯定的，而且你還能寫出正確的答案，分別是2024、2021、2016和2009。

習題：

將下列習題運用剛才的公式計算出答案。

(1)
$$\begin{array}{r} 81 \\ \times 89 \\ \hline \end{array}$$

(2)
$$\begin{array}{r} 97 \\ \times 93 \\ \hline \end{array}$$

(3)
$$\begin{array}{r} 87 \\ \times 83 \\ \hline \end{array}$$

(4)   58
       ×52
-----

(5)   36
       ×34
-----

(6)   53
       ×57
-----

(7)   22
       ×28
-----

(8)   78
       ×72
-----

(9)   39
       ×31

答案：

(1) 7209   **(2)** 9021   **(3)** 7221
(4) 3016   **(5)** 1224   **(6)** 3021
(7) 616   **(8)** 5616   **(9)** 1209

三位數×三位數

　　學會了二位數相乘之後，我們可不可以把相同的公式用在三位數呢？答案是可以的。

> 三位數相乘時，最左邊兩個數字必須相同，最右邊的數字加起來必須等於10。

範例：

$$
\begin{array}{r}
115 \\
\times 115 \\
\hline
\end{array}
$$

　　上面的例子，最左邊二位數都是11，最右邊的數字加起來等於10，所以也可以用剛才的公式。

🫖 運算步驟：

- 先用 5 乘以 5 ，得出25後，寫在最右邊的兩位數。
- 11加 1 等於12。
- 12再乘以下面的11，得出132，寫在最左邊，這樣答案就出爐了！
- 答案是13225。

同樣的公式可用於底下題目！

(1)　116
　　　×114

(2)　117
　　　×113

(3)　118
　　　×112

(4)　119
　　　×111

答案：

(1) 13224　**(2)** 13221　**(3)** 13216　**(4)** 13209

習題：

(1)　125
　　　×125

(2)　126
　　　×124

(3)　137
　　　×133

(4)　139
　　　×131

(5)   146
$\times$ 144

(6)   148
$\times$ 142

(7)   169
$\times$ 161

(8)   164
$\times$ 166

(9)   153
$\times$ 157

(10)   158
$\times$ 152

答案：

(1) 15625　**(2)** 15624　**(3)** 18221　**(4)** 18209

(5) 21024　**(6)** 21016　**(7)** 27209　**(8)** 27224

(9) 24021 **(10)** 24016

第一公式的應用

「第一公式」的用途很廣。二位數相乘時，如果十位數相同，但個位數的總和卻不等於10也可以使用。

那麼，你會怎麼計算67乘以65呢？

67乘以65可以寫成（65＋2）乘以65，從「第一公式」可以得知，65乘以65會得到4225，然後我們只要把2乘以65再加上4225，就能得到答案4355。

$$67 \times 65 = （65 + 2） \times 65$$

$$
\begin{array}{r}
65 \\
\times 65 \\
\hline
4225 \quad +2 \times 65 \\
\hline
4225 \quad + \quad 130 \\
\hline
4335
\end{array}
$$

上面的算法可以用在68乘以64嗎？

我們來算算看：

68×64

先把68乘以64 分解，有兩種算法。

可以分成，68 ×（62＋2），以及（66＋2）× 64

詳細算法：

1. 68 ×（62＋2）＝68×62＋68×2
　　　　　　　＝4216＋136
　　　　　　　＝4352

2.（66＋2）×64＝66×64＋2×64
　　　　　　　＝4224＋128
　　　　　　　＝4352

用上面這種算法的話，你就可以做很多數字的乘法。再舉幾個例子會更清楚。

範例：

1. $77 \times 76 = $（a）$77 \times (73 + 3) = 5621 + 231 = 5852$
　　　　　$= $（b）$(74 + 3) \times 76 = 5624 + 228 = 5852$
2. $78 \times 76 = $（a）$78 \times (72 + 4) = 5616 + 312 = 5928$
　　　　　$= $（b）$(74 + 4) \times 76 = 5624 + 304 = 5928$
3. $119 \times 114 = $（a）$119 \times (111 + 3) = 13209 + 357$
　　　　　$= 13566$
　　　　　$= $（b）$(116 + 3) \times 114 = 13224 + 342$
　　　　　$= 13566$

　　目前為止，我們算的題目都是十位數相同，個位數的總和超過10。現在我們來算算看，當十位數相同，但個位數的總和卻小於10時，我們又該如何計算。

範例：

$$47 \times 42$$

　　十位數一樣都是4，但是個位數加起來卻小於10。
$$47 \times 42 = 47 \times (43 - 1) = 2021 - 47 = 1974$$

我們再舉個例子。

我們再多舉幾個例子。

範例：

1. $48 \times 41 =$ （a） $48 \times （42-1） = 2016 - 48 = 1968$
   $= （b） （49-1） \times 41 = 2009 - 41 = 1968$

2. $56 \times 53 =$ （a） $56 \times （54-1） = 3024 - 56 = 2968$
   $= （b） （57-1） \times 53 = 3021 - 53 = 2968$

3. $55 \times 54 =$ （a） $55 \times （55-1） = 3025 - 55 = 2970$
   $= （b） （56-1） \times 54 = 3024 - 54 = 2970$

4. $55 \times 53 =$ （a） $55 \times （55-2） = 3025 - 110 = 2915$
   $= （b） （57-2） \times 53 = 3021 - 106 = 2915$

5. $65 \times 62 =$ （a） $65 \times （65-3） = 4225 - 195 = 4030$
   $= （b） （68-3） \times 62 = 4216 - 186 = 4030$

習題：

(1) 117×112	**(2)** 108×106	**(3)** 124×126
(4) 128×125	**(5)** 122×129	**(6)** 126×129
(7) 128×124	**(8)** 138×133	**(9)** 146×147
(10) 143×148	**(11)** 138×134	**(12)** 117×115

答案：

(1) 13104	**(2)** 11448	**(3)** 15624
(4) 16000	**(5)** 15738	**(6)** 16254
(7) 15872	**(8)** 18354	**(9)** 21462
(10) 21164	**(11)** 18492	**(12)** 13455

快速公式

學會「第一公式」後，緊接著要來學「快速公式」。這個公式是根據吠陀數學的「Nikhilam」而來。這裡我用幾個不同的例子來說明。

接近100的數字相乘

接近100的數字相乘也有公式可運用。

我們計算的時候以100為基準數（Base）。

先看下列的式子：

$$87$$
$$\times 89$$

要解開這一題，必須先計算出87、89與100的差距，然後寫成下列的形式：

$$
\begin{array}{ccccc}
87 & / & - & 13 & \\
89 & / & - & 11 & \\
\hline
76 & / & {}_1 43 & = & 7743
\end{array}
$$

運算步驟：

- 以100為基準數。
- 87比100少13，所以我們寫上87／-13。
- 89比100少11，所以我們寫上89／-11。
- 交叉相加（87-11）或（89-13）得到的結果都是

76，所以暫時把76寫在答案的最左邊。

·將（−13）乘以（−11），得到（＋143），最右邊只需要寫上兩位數，因為我們的基準是100。多出來的數字就加到左邊。斜線右邊的數字有幾位數，就看你的基準數有幾個零。

·計算之後得到76／143。1是多出來的數，所以加到左邊就會得到7743。

·換句話說，我們可以這麼理解：

$$76／143$$
$$＝76×100（基準數）／+143$$
$$＝7600＋143$$
$$＝7743$$

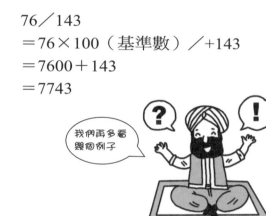

我們再多看幾個例子

範例：

1.

$$\begin{array}{r} 82 \\ \times 78 \\ \hline \end{array}$$

這個算式可以寫成：

$$\begin{array}{ccccc} 82 & ／ & － & 18 \\ 78 & ／ & － & 22 \\ \hline \end{array}$$

交叉相加，得到最右邊的數字是60。

（82－22）或（78－18）都等於60。

$$
\begin{array}{ccc}
82 & \diagup - & 18 \\
78 & \diagup - & 22 \\
\hline
60 & \diagup & \\
\end{array}
$$

將（－18）乘以（－22），我們得到的答案是396。

$$
\begin{array}{ccc}
82 & \diagup - & 18 \\
76 & \diagup - & 22 \\
\hline
60 & \diagup & 396 \\
\end{array}
$$

$$=60 \times 100（基準數）\diagup +396$$
$$=6000+396$$
$$=6396$$

2.

$$
\begin{array}{r}
87 \\
\times 112 \\
\hline
\end{array}
$$

這題可以寫成：

$$
\begin{array}{ccc}
87 & \diagup - & 13 \\
112 & \diagup + & 12 \\
\hline
99 & \diagup - & 156 \\
\end{array}
$$

$$=99 \times 100（基準數）\diagup -156$$
$$=9900-156$$
$$=9744$$

3.

$$113$$
$$\times 108$$

這題可以寫成：

$$113 \quad / \quad + \quad 13$$
$$108 \quad / \quad + \quad 8$$

交叉相加後得到：

（113＋8）或（108＋13）＝121

$$113 \quad / \quad + \quad 13$$
$$108 \quad / \quad + \quad 8$$
$$121 \quad /$$

把（＋13）與（＋8）相乘，我們會得到104。

$$113 \quad / \quad + \quad 13$$
$$108 \quad / \quad + \quad 8$$
$$121 \quad / \quad 104$$
$$=121 \times 100（基準數）/＋104$$
$$=12100＋104$$
$$=12204$$

習題：

(1)　　89
　　　　　×92

(2)　　99
　　　　　×93

(3)　　98
　　　　　×84

(4) 87
 ×76

(5) 112
 ×86

(6) 108
 ×89

(7) 102
 ×106

(8) 108
 ×117

(9) 116
 ×94

(10) 83
 ×94

(11) 107
 ×94

(12) 113
 ×102

解答：

(1) 8188 **(2)** 9207 **(2)** 8232
(4) 6612 **(5)** 9632 **(6)** 9612
(7) 10812 **(8)** 12636 **(9)** 10904
(10) 7802 **(11)** 10058 **(12)** 11526

接近50的數字相乘

前面學過接近100的數字相乘，現在來看接近50的數字如何相乘。

兩者的運算方式都相同，只有一個步驟不一樣。

之前是以100為基準數，現在把它想成100除以2。由於50等於100除以2，所以交叉相加後的結果也要除以2。

範例：

1.

$$
\begin{array}{r}
62 \\
\times 63 \\
\hline
\end{array}
$$

$$
\begin{array}{ccc}
62 & / & +12 \\
63 & / & +13 \\
\hline
75 & / & 156
\end{array}
$$

> 交叉相加後，（63＋12）
> 或（62＋13）都得到75。

$$
\frac{75 \times 100 \text{（基準數）}}{2} + 156
$$
$$
= 3750 + 156 = 3906
$$

2.

$$47$$
$$\times 64$$

$$
\begin{array}{ccc}
47 & / & -\ 3 \\
64 & / & +14 \\
\hline
61 & / & -42
\end{array}
$$

交叉相加後，（47＋14）
或（64－3）都得到61。

$$\frac{61\times100（基準數）}{2}-42$$
$$=3050-42=3008$$

3.

$$46$$
$$\times 42$$

$$
\begin{array}{ccc}
46 & / & -\ 4 \\
42 & / & -\ 8 \\
\hline
38 & / & +32
\end{array}
$$

交叉相加後，（46－8）
或（42－4）都得到38。

$$\frac{38\times100（基準數）}{2}+32$$
$$=1900+32=1932$$

(1) 63 ×48	**(2)** 57 ×52	**(3)** 58 ×53	**(4)** 59 ×47

(5) 58 ×46	**(6)** 55 ×63	**(7)** 46 ×48	**(8)** 52 ×47

(9) 68 ×46	**(10)** 57 ×46

解答：

(1) 3024　**(2)** 2964　**(3)** 3074　**(4)** 2773
(5) 2668　**(6)** 3465　**(7)** 2208　**(8)** 2444
(9) 3128　**(10)** 2622

接近200的數字相乘

我們利用「快速公式」學會了接近100和接近50的數字相乘，同樣的公式也可以用來計算接近200的數字嗎？讓我們接著來看看。

🫖 **運算步驟：**

1. 基準數為100。
2. 相乘的兩個數字要用200來減掉。
3. 200為100的兩倍。
4. 所以要將交叉運算得到的結果乘以2。

範例：

$$
\begin{array}{r}
208 \\
\times 211 \\
\hline
\end{array}
$$

208	／	＋	8
211	／	＋	11

> 交叉相加後，（208＋11）或
> （211＋8）都得到219。

219×100（基準數）×2／＋88＝43888

你可以用其他的乘法
來驗算看看。

範例：

1.

$$
\begin{array}{r}
212 \\
\times 192
\end{array}
$$

$$
\begin{array}{rcccr}
212 & / & + & 12 \\
192 & / & - & 8 \\
\hline
204 & / & - & 96
\end{array}
$$

> 交叉相加後，（212－8）或
> （192＋12）都得到204。

$$204 \times 100（基準數）\times 2／－96$$
$$=40800－96$$
$$=40704$$

2.

$$
\begin{array}{r}
187 \\
\times 184
\end{array}
$$

$$
\begin{array}{rcccr}
187 & / & - & 13 \\
184 & / & - & 16 \\
\hline
171 & / & + & 208
\end{array}
$$

> 交叉相加後，（187－16）或
> （184－13）都得到171。

$$171 \times 100（基準數）\times 2／＋208$$
$$=34200＋208$$
$$=34408$$

3.

$$196$$
$$\times 182$$

196	／	－	4
182	／	－	18
178	／	＋	72

交叉相加後，（196－18）或
（182－4）都得到178。

$178 \times 100（基準數）\times 2／+72$
$=35600+72$
$=35672$

?? 習題：

(1) 206
　　×203

(2) 212
　　×218

(3) 197
　　×204

(4) 186
　　×202

(5) 197
　　×187

(6) 184
　　×208

(7) 216
　　×212

(8) 209
　　×211

(9) 202
　　×176

(10) 182
　　×187

解答：

(1) 41818　(2) 46216　(3) 40188　(4) 37572

(5) 36839　(6) 38272　(7) 45792　(8) 44099

(9) 35552　(10) 34034

接近150的數字相乘

　　利用「快速公式」我們已經學會如何將接近100，50和200的數字相乘。

　　接下來要說明接近150的數字要如何相乘。

運算步驟：

1. 基準數為100。
2. 相乘的兩個數字要各減掉150。
3. 150為100的$\frac{3}{2}$倍。
4. 因此，乘數為$\frac{3}{2}$。

範例：

$$\begin{array}{r} 162 \\ \times 148 \\ \hline \end{array}$$

$$\begin{array}{rcccc} 162 & \diagup & + & 12 \\ 148 & \diagup & - & 2 \\ \hline 160 & \diagup & - & 24 \end{array}$$

> 交叉相加後，（162－2）或（148＋12）都得到160。

160×100（基準數）$\times \dfrac{3}{2} \diagup -24$
$= 24000 - 24 = 23976$

$\frac{3}{2}$ 為乘數。

(1)　　156
　　　×158

(2)　　143
　　　×152

(3)　　152
　　　×144

(4)　　162
　　　×156

(5)　　132
　　　×152

(6)　　163
　　　×161

(7)　　168
　　　×143

(8)　　159
　　　×144

(9)　　146
　　　×148

(10)　　152
　　　×161

(11)　　147
　　　×146

(12)　　169
　　　×142

解答：

(1) 24648　　**(2)** 21736　　**(3)** 21888
(4) 25272　　**(5)** 20064　　**(6)** 26243
(7) 24024　　**(8)** 22896　　**(9)** 21608
(10) 24472　　**(11)** 21462　　**(12)** 23998

快速公式裡的基準數很重要

我們怎麼找到乘數呢？

非常很簡單，只要用基準數100來除就可以了。

數字	乘數
接近100的數字	1
50	$\frac{1}{2}$
200	2
250	$\frac{5}{2}$
300	3
350	$\frac{7}{2}$
400	4
450	$\frac{9}{2}$
500	5

如何選擇基準數？

你可以選10、100或1000作為基準數。基準數有幾個零，斜線右邊就有幾位數。

範例：

基準數為10

1.

$$
\begin{array}{r}
12 \\
\times\ 8 \\
\hline
\end{array}
\qquad
\begin{array}{r}
12\diagup\quad +2 \\
8\diagup\quad -2 \\
\hline
10\diagup\quad -4
\end{array}
$$

$$10 \times 10\ （基準數）\diagup -4$$
$$= 100 - 4$$
$$= 96$$

2.

$$
\begin{array}{r}
9 \\
\times 6 \\
\hline
\end{array}
\qquad
\begin{array}{r}
9\diagup\quad -1 \\
6\diagup\quad -4 \\
\hline
5\diagup\quad +4
\end{array}
$$

$$5 \times 10\ （基準數）\diagup +4$$
$$= 50 + 4$$
$$= 54$$

接近10的倍數（如10、20、30等）的數字，都可以用這個方法。請接著看範例。

範例：

數字接近10的倍數

1.

$$\begin{array}{r} 36 \\ \times 32 \\ \hline \end{array}$$

36	╱	＋	6
32	╱	＋	2
38	╱		12

38×10（基準數）×3／＋12
＝1140／＋12
＝1152

> 運算區域＝10×3
> 先算出相乘數字與30的差數

2.

$$\begin{array}{r} 24 \\ \times 16 \\ \hline \end{array}$$

24	╱	＋	4
16	╱	－	4
20	╱	－	16

20×10（基準數）×2／－16
＝400－16
＝384

> 運算區域＝10×2
> 先算出相乘數字與20的差數

基準數100（前面已有許多範例）

基準數1000的範例如下。

例題：

1.

$$
\begin{array}{r}
989 \\
\times 1018 \\
\end{array}
$$

989	／	－	11
1018	／	＋	18
1007	／	－	198

$$1007 \times 1000 （基準數） ／ － 198$$
$$= 1007000 － 198$$
$$= 1006802$$

2.

$$
\begin{array}{r}
982 \\
\times 987 \\
\end{array}
$$

982	／	－	18
987	／	－	13
969	／	＋	234

$$= 969234$$

3.

$$
\begin{array}{r}
1013 \\
\times 1012 \\
\end{array}
$$

1013	／	＋	13
1012	／	＋	12
1025	／		156

$$= 1025156$$

數字的倍數接近1000

數字接近500

範例1：

$$512$$
$$\underline{\times\,498}$$

🫖 **運算步驟：**

1. 基準數為1000。
2. 相乘的兩個數字要用500去減。
3. 500為1000的 $\frac{1}{2}$ 倍。
4. 因此，乘數為 $\frac{1}{2}$。
5. 基準數有幾個零，斜線右邊就有幾位數，

$$
\begin{array}{r}
512 \diagup \quad + \quad 12 \\
498 \diagup \quad - \quad 2 \\
\hline
510 \diagup \quad - \quad 024
\end{array}
$$

$$510 \times 1000\,（基準數）\times \frac{1}{2} \diagup -024$$
$$= 255000 - 024$$
$$= 254976$$

範例2：

$$1508$$
$$\times 1512$$

運算區域＝$\dfrac{3}{2}\times 1000$
先算出相乘數字與1500的差數

在這個例子中，乘數為$\dfrac{3}{2}$。

$$
\begin{array}{ccccc}
1508 & / & + & 8 \\
1512 & / & + & 12 \\
\hline
1520 & / & & 096* \\
\end{array}
$$

1520×1000（基準數）$\times\dfrac{3}{2}／096$

$=2280000／096$

$=2280096$

*基準數有幾個零，斜線右邊就有幾位數。

習題：

(1)　　36
　　$\times 28$

(2)　　44
　　$\times 36$

(3)　　25
　　$\times 32$

(4)　　15
　　$\times 24$

(5)　　516
　　$\times 508$

(6)　　498
　　$\times 516$

(7) $\begin{array}{r} 487 \\ \times\,512 \\ \hline \end{array}$ **(8)** $\begin{array}{r} 512 \\ \times\,508 \\ \hline \end{array}$ **(9)** $\begin{array}{r} 1506 \\ \times\,1514 \\ \hline \end{array}$

(10) $\begin{array}{r} 2016 \\ \times\,1982 \\ \hline \end{array}$ **(11)** $\begin{array}{r} 2018 \\ \times\,2012 \\ \hline \end{array}$ **(12)** $\begin{array}{r} 1516 \\ \times\,1486 \\ \hline \end{array}$

解答：

(1) 1008	**(2)** 1584	**(3)** 800
(4) 360	**(5)** 262128	**(6)** 256968
(7) 249344	**(8)** 260096	**(9)** 2280084
(10) 3995712	**(11)** 4060216	**(12)** 2252776

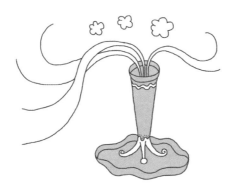

乘法之交叉計算法

現在你已經學會「第一公式」和「快速公式」了。你可能會想，該怎麼讓兩個不相近的數字相乘。例如，如果第一個數字是三位數、四位數或五位數，要和另一個二位數或三位數的數字相乘。請不用擔心，只要學會此章節的運算技巧，就能幫你計算所有乘法。

二位數×二位數

舉個例子來說，如果我們使用一般的乘法計算，則

$$
\begin{array}{r}
68 \\
\times 48 \\
\hline
544 \\
272 \\
\hline
3264
\end{array}
$$

以上的算法有哪些步驟？

· 用68乘以8，得出來的結果寫在第一排(544)。
· 再用68乘以4，得出來的結果寫在第二排，最右邊空一格。
· 把兩排數字相加，從最右邊開始加。
· 最後得到答案等於3264。

提供你一個公式：

$$\begin{array}{cc} a & b \\ \times x & y \\ \hline ay & by \\ \end{array}$$

$$\begin{array}{cc} ax & bx \\ \hline \end{array}$$

$$ax ／（ay＋bx）／by$$
交叉

你應該很熟悉這個公式，學過代數的人都會這個乘法運算。以下我們將舉例說明如何在乘法練習裡運用這個公式。

範例：

$$\begin{array}{r} 68 \\ \times 48 \\ \hline \end{array}$$

假設上面的數字是英文字母，我們可以把它寫成下面的式子：

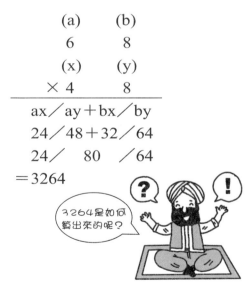

$$\begin{array}{cc} (a) & (b) \\ 6 & 8 \\ (x) & (y) \\ \times 4 & 8 \\ \hline \end{array}$$

$$ax ／ ay＋bx ／ by$$
$$24 ／ 48＋32 ／ 64$$
$$24 ／ \quad 80 \quad ／ 64$$
$$＝3264$$

3264是如何算出來的呢？

🫖 **運算步驟：**

（譯按：以下說明從24／80／64如何演算出3264的步驟）

- 從右邊開始，把4寫在最右邊，把6留下。
- 請把留下來的6與中間的80相加得到86，再把6寫在4 的左邊，把8留著。
- 留下來的8與最左邊的24相加，得到32，把32寫在最 左邊。
- 計算後所得到的答案就是3264。

我們再舉一個例子，看看能不能對這個公式更了解：

$$
\begin{array}{cc}
 & a \qquad b \\
\times & x \qquad y \\
\hline
 & ay \quad by \\
ax \quad bx & \\
\hline
\end{array}
$$

$$ax ／（ay＋bx）／by$$

交叉

76
×42
28／14＋24／12
28／　38　／12
31　9　2　　　─答案
~~3~~　~~1~~　　　─進位的數字

我們再來解一題，確保對乘法之交叉計算法的了解：

$$
\begin{array}{r}
87 \\
\times\ \ 68 \\
\hline
48\diagup 64+42\diagup 56 \\
59\quad\ 1\quad\ \ 6 \quad\text{—答案} \\
\text{—11—5—}\quad\text{—進位的數字}
\end{array}
$$

瞭解了嗎？

你可以試著計算看看嗎?

$$
\begin{array}{r}
76 \\
\times 52 \\
\hline
3952 \quad\text{—答案} \\
\text{—41—}\quad\text{—進位的數字}
\end{array}
$$

再說明一次運算步驟：

・先將右邊的 6 乘以 2 ，得到12。把 2 寫在答案列，將 1
　留下來進位。

・然後將數字交叉相乘再加總，14＋30=44（即ay＋
　bx）；再將上一步留下的 1 與44相加，得到45。把個
　位數的 5 寫在答案列，將 4 留下來進位。

・相乘後再加上上一步留下的 4 ，也就是7×5（即ax）
　加4得到39，然後寫在答案列最左邊。

・所以答案就是3952。

我把說明簡化如下：

> 先從右邊開始。
> 右－右，交叉，左－左。

接著舉幾個例題：

1.

$$\begin{array}{r} 67 \\ \times 54 \\ \hline 30\diagup24+35\diagup28 \\ \hline 3618 \end{array}$$

2.

$$\begin{array}{r} 65 \\ \times 77 \\ \hline 42\diagup42+35\diagup35 \\ \hline 5005 \end{array}$$

3.

$$\begin{array}{r} 24 \\ \times 72 \\ \hline 14\diagup4+28\diagup8 \\ \hline 1728 \end{array}$$

(1) 76
×19

(2) 77
×24

(3) 67
×23

(4) 64
×29

(5) 83
×28

(6) 86
×27

(7) 73
×77

(8) 79
×37

(9) 94
×24

(10) 34
×62

(11) 44
×64

(12) 83
×23

(13) 78
×76

(14) 75
×74

(15) 77
×79

(16) 80
×87

(17) 66
×68

(18) 71
×93

(19) 19
×72

(20) 74
×64

解答：

(1) 1444	**(2)** 1848	**(3)** 1541	**(3)** 1856
(5) 2324	**(6)** 2322	**(7)** 5621	**(8)** 2923
(9) 2256	**(10)** 2108	**(11)** 2816	**(12)** 1909
(13) 5928	**(14)** 5550	**(15)** 6083	**(16)** 6960
(17) 4488	**(18)** 6603	**(19)** 1368	**(20)** 4736

三位數×二位數

我們已經學過二位數相乘了，那你有注意到前面運用到交叉計算的技巧嗎？

現在，我們來學習三位數和二位數的相乘。

我們再來看一次傳統的乘法，了解其中的差別。

$$
\begin{array}{r}
3\ 2\ 4 \\
\times\ \ \ 6\ 4 \\
\hline
1\ 2\ 9\ 6 \\
1\ 9\ 4\ 4\ \ \ \\
\hline
2\ 0\ 7\ 3\ 6
\end{array}
$$

這種乘法的步驟你已經很熟悉。

看過了傳統的乘法運算，我們再來看看秒算法神奇的交叉計算法。

以下用a, b, c 以及x, y來輔助說明。

$$
\begin{array}{ccc}
a & b & c \\
\times & x & y \\
\hline
ay & by & cy \\
ax\quad bx\quad cx & & \\
\hline
ax\diagup ay+bx\diagup by+cx\diagup cy
\end{array}
$$

交叉　　　**交叉**

我們來比較看看，這個公式和前面二位數相乘所用的公式有什麼不同。

注意到了吧！

差別不大，只是多了一個交叉計算。

在二位數乘以二位數的時候，只有一個交叉計算，但現在有兩個。

現在我們試著用剛剛的公式計算327乘以42：

$$
\begin{array}{ccc}
a & b & c \\
\times & x & y \\
\hline
ay & by & cy \\
ax \quad bx & cx & \\
\hline
\end{array}
$$

$$ax\diagup ay+bx\diagup by+cx\diagup cy$$

$$
\begin{array}{ccc}
a & b & c \\
3 & 2 & 7 \\
 & x & y \\
 & 4 & 2 \\
\times & & \\
\hline
\end{array}
$$

$$12\diagup\ 6+8\diagup\ 4+28\diagup14$$

$$=13\ 7\ 3\ 4\ -答案$$

$$\ \ \ \ \ \ \cancel{1\ 3\ 1}\ -進位的數字$$

我來解釋一下運算步驟：

$$
\begin{array}{ccc}
3 & 2 & 7 \\
\times & 4 & 2 \\
\hline
\end{array}
$$

🫖 **運算步驟：**

- 從最右邊開始
- $7\times2＝14$。4寫在答案列的地方，1則留下來進位。
- 第一個交叉計算是（by＋cx）＝4＋28＝32。把上個步驟的1加進來，得到33。然後寫3進3。

- 第二個交叉計算是（ay＋bx）＝6＋8＝14。將上個步驟留下來進位的3加進來，得到17。然後把7寫在答案列，1留著進位。
- 最後的運算（ax）得到的結果是12，再將上個步驟的1加進來，（12＋1）＝13，把13寫在7的左邊。
- 最後得到的結果就是13734。

我把運算步驟加以簡化如下：

> 先從右邊開始。
> 右－右，交叉–1，交叉–1，左－左。

再舉幾個例子，你就會更清楚這個公式：

$$
\begin{array}{r}
317 \\
\times \quad 72 \\
\hline
21／\ 6+7／\ 2+49／14 \\
22\ 8\ 2\ 4\ －答案 \\
\overline{1\ 5\ 1}\ －進位的數字
\end{array}
$$

上面被劃掉的數字是每個步驟所留下的待進位數字。

再舉幾個例子：

1.

$$
\begin{array}{r}
349 \\
\times \quad 64 \\
\hline
18／12+24／16+54／36 \\
22\ 3\ 3\ 6\ －答案 \\
\overline{4\ 7\ 3}\ －進位的數字
\end{array}
$$

2.

$$693$$
$$\times\ \ 64$$

$$36\diagup 24+54\diagup 36+18\diagup 12$$

$$44\ 3\ 5\ 2\ \ -答案$$

$$\cancel{8\ 5\ 1}\ \ -進位的數字$$

3.

$$624$$
$$\times\ \ 58$$

$$30\diagup 48+10\diagup 16+20\diagup 32$$

$$36\ 1\ 9\ 2\ \ -答案$$

$$\cancel{6\ 3\ 3}\ \ -進位的數字$$

習題：

(1) 336	**(2)** 442	**(3)** 664	**(4)** 678
$\times\ 45$	$\times\ 48$	$\times\ 28$	$\times\ 72$

(5) 338	**(6)** 446	**(7)** 557	**(8)** 642
$\times\ 37$	$\times\ 72$	$\times\ 38$	$\times\ 23$

(9) 883	**(10)** 972	**(11)** 654	**(12)** 778
$\times\ 24$	$\times\ 36$	$\times\ 34$	$\times\ 34$

(13) 372
$\times$ 42

(14) 449
$\times$ 37

(15) 365
$\times$ 26

(16) 376
$\times$ 32

(17) 318
$\times$ 53

(18) 326
$\times$ 57

(19) 442
$\times$ 76

(20) 149
$\times$ 75

解答：

(1) 15120 **(2)** 21216 **(3)** 18592 **(4)** 48816
(5) 12506 **(6)** 32112 **(7)** 21166 **(8)** 14766
(9) 21192 **(10)** 34992 **(11)** 22236 **(12)** 26452
(13) 15624 **(14)** 16613 **(15)** 9490 **(16)** 12032
(17) 16854 **(18)** 18582 **(19)** 33592 **(20)** 11175

四位數×二位數

現在你已經學會二位數相乘、三位數乘以二位數的交叉計算法了。

接下來我們要學四位數乘以二位數。

同樣地，我們先來看看傳統的乘法：

$$
\begin{array}{r}
4\,2\,7\,3 \\
\times\quad 2\,4 \\
\hline
1\,7\,0\,9\,2 \\
8\,5\,4\,6 \\
\hline
1\,0\,2\,5\,5\,2
\end{array}
$$

在此，我先假設你對傳統的乘法很熟悉，而且也了解它的複雜度。

接下來，我們使用交叉計算的方法，以 a, b, c, d 和 x, y 代入公式作說明。

$$
\begin{array}{ccccc}
 & a & b & c & d \\
\times & & & x & y \\
\hline
 & ay & by & cy & dy \\
ax & bx & cx & dx & \\
\hline
\end{array}
$$

$$ax\diagup ay + bx\diagup by + cx\diagup cy + dx\diagup dy$$

交叉　　　交叉　　　交叉

把每位數分別算出來，就能更明白此公式的計算方式：

$$
\begin{array}{r}
a\,b\,c\,d \\
\times\quad x\,y \\
\hline
\end{array}
$$

$$ax\diagup ay + bx\diagup by + cx\diagup cy + dx\diagup dy$$

$$\begin{array}{r} 4376 \\ \times \quad 32 \\ \hline 12 \diagup 8+9 \diagup 6+21 \diagup 14+18 \diagup 12 \end{array}$$

🫖 運算步驟：

- 從最右邊開始。
- dy為6乘以2得到12，將2寫在答案列，把1留下來進位。
- cy＋dx等於14加上18得到32，32再加上前一個步驟的1得到33，把3寫在答案列，十位數的3留下來進位。
- by＋cx等於6加上21得到27，27再加上前一個步驟的3得到30，將0寫在答案列，把3留下來進位。
- ay＋bx等於8加上9得到17，17再加上前一個步驟的3得到20，將0寫在答案列，把2留下來進位。
- ax＝12，12再加上前一個步驟的2得到14，把14寫在答案列，答案就出來了。
- 答案是140032。

四位數乘以二位數的算法和三位數乘以二位數有什麼不同呢？其實差別就在交叉計算的次數。三位數乘以二位數時，運算過程裡有兩個交叉計算，而在這裡有三個交叉計算。

再舉幾個例子

再舉幾個例子：

1.

$$3784 \times 37$$

$$9\diagup21+21\diagup49+24\diagup56+12\diagup28$$

14　0　0　0　8　－答案

5　8　7　2　－進位的數字

2.

$$4849 \times 46$$

$$16\diagup24+32\diagup48+16\diagup24+36\diagup54$$

22　3　0　5　4　－答案

6　7　6　5　－進位的數字

習題：

(1) 6336×42

(2) 6453×78

(3) 5742×64

(4) 4362×26

(5) 4564×66

(6) 6342×78

(7) 8236×32

(8) 9786×43

(9) 5347×37

(10) 6446×31

(11) 3236×54

(12) 2137×49

18 解答：

(1) 266112	**(2)** 503334	**(3)** 367488
(4) 113412	**(5)** 301224	**(6)** 494676
(7) 263552	**(8)** 420798	**(9)** 197839
(10) 199826	**(11)** 174744	**(12)** 104713

五位數×二位數

剛剛學過四位數乘以二位數。

你學到什麼了嗎？只要乘數多加一位數，運算過程就會多一個交叉計算。

所以五位數乘以二位數的運算中，交叉計算的次數會比四位數乘以二位數多一次。

我們先把公式寫出來：

	a	b	c	d	e
$\times$				x	y
	ay	by	cy	dy	ey
ax	bx	cx	dx	ex	

ax／ay＋bx／by＋cx／cy＋dx／dy＋ex／ey

交叉　　交叉　　交叉　　交叉

實際解題會更清楚：

$$43272$$
$$\times \quad 34$$

12／16＋9／12＋6／8＋21／28＋6／8

14　7　1　2　4　8　－答案

2　2　3　3　0　－進位的數字

沒錯，就是這樣。

(1) 36742
× 36

(2) 27648
× 46

(3) 42373
× 63

(4) 37421
× 27

(5) 36842
× 42

(6) 87641
× 34

(7) 43458
× 34

(8) 34261
× 38

(9) 37649
× 23

(10) 24386
× 26

(11) 38312
× 36

(12) 87628
× 29

(13) 33429
× 54

(14) 45262
× 47

解答：

(1) 1322712　　**(2)** 1271808　　**(3)** 2669499
(4) 1010367　　**(5)** 1547364　　**(6)** 2979794
(7) 1477572　　**(8)** 1301918　　**(9)** 865927
(10) 634036　　**(11)** 1379232　　**(12)** 2541212
(13) 1805166　　**(14)** 2127314

三位數×三位數

目前為止，我們已經學了很多乘法，接下來，不管幾位數與二位數相乘你都可以運用交叉計算得到答案。接下來，我們來學三位數乘以三位數的計算方法。

首先，把傳統的乘法過程寫出來，步驟有點多：

$$
\begin{array}{r}
689 \\
\times\ 376 \\
\hline
4134 \\
4823 \\
2067 \\
\hline
259064
\end{array}
$$

運算步驟：

1. 首先，我們將689乘以6，將答案（4134）寫在答案列第一行。

2. 接著將689乘以7的答案（4823）寫在答案列第二行，最右邊要空一格。

3. 接下來將689乘以3的答案（2067）寫在答案列第三行，最右邊要空兩格。

4. 最後再把三行加起來，得到259064。

現在我們要來試試看比較快的方法。同樣的，利用a, b, c 和x, y, z來代入解釋。

開始：

$$\begin{array}{ccc} & a & b & c \\ \times & x & y & z \end{array}$$

$$\begin{array}{ccc} az & bz & cz \\ ay & by & cy \\ ax \quad bx \quad cx \end{array}$$

$$ax \diagup ay+bx \diagup az+by+cx \diagup bz+cy \diagup cz$$

進階交叉計算

比較這個公式和三位數乘以二位數的公式，我們會發現，交叉計算的內容有點改變（從右邊算過來第三個區塊為三個數字的交叉計算，稱為進階交叉計算）。

用實際的例題套入上述公式：

$$\begin{array}{r} 634 \\ \times \ 746 \end{array}$$

$$42 \diagup 24+21 \diagup 36+28+12 \diagup 18+16 \diagup 24$$

$$=47\ 2\ 9\ 6\ 4 \ -答案$$

$$\ \ \ \ \ \ \ \sout{5\ 7\ 3\ 2} \ -進位的數字$$

再舉一個例子，以便記住公式的算法：

1.

$$879$$
$$\times \ 342$$

$$24\diagup 32+21\diagup 16+27+28\diagup 14+36\diagup 18$$

$$30\ 0\ 6\ 1\ 8 \quad -答案$$
$$6\ 7\ 5\ 1 \quad -進位的數字$$

2.

$$346$$
$$\times \ 792$$

$$21\diagup 27+28\diagup 6+42+36\diagup 8+54\diagup 12$$

$$27\ 4\ 0\ 3\ 2 \quad -答案$$
$$6\ 9\ 6\ 1 \quad -進位的數字$$

3.

$$578$$
$$\times \ 643$$

$$30\diagup 20+42\diagup 15+48+28\diagup 21+32\diagup 24$$

$$37\ 1\ 6\ 5\ 4 \quad -答案$$
$$7\ 9\ 5\ 2 \quad -進位的數字$$

4.

$$632$$
$$\times \ 428$$

$$24\diagup 12+12\diagup 48+8+6\diagup 24+4\diagup 16$$

$$27\ 0\ 4\ 9\ 6 \quad -答案$$
$$3\ 6\ 2\ 1 \quad -進位的數字$$

(1) 523
　　×674

(2) 876
　　×328

(3) 594
　　×674

(4) 976
　　×574

(5) 878
　　×628

(6) 589
　　×382

(7) 684
　　×884

(8) 674
　　×156

(9) 376
　　×732

(10) 486
　　×456

(11) 774
　　×382

(12) 856
　　×128

(13) 836
　　×712

(14) 434
　　×754

(15) 689
　　×486

(16) 483
　　×287

解答：

(1) 352502　**(2)** 287328　**(3)** 400356　**(4)** 560224
(5) 551384　**(6)** 224998　**(7)** 604656　**(8)** 105144
(9) 275232 **(10)** 221616 **(11)** 295668 **(12)** 109568
(13) 595232 **(14)** 327236 **(15)** 334854 **(16)** 138621

四位數×三位數

學過三位數相乘後，四位數乘以三位數就不難了。
計算方法都相同，只是多了一個進階交叉計算。
先看公式：

$$
\begin{array}{ccccc}
 & a & b & c & d \\
\times & & x & y & z \\
\hline
 & az & bz & cz & dz \\
 & ay & by & cy & dy \\
ax & bx & cx & dx \\
\end{array}
$$

$$ax\diagup ay+bx\diagup az+by+cx\diagup bz+cy+dx\diagup cz+dy\diagup dz$$

進階交叉計算　　進階交叉計算

以實例套入公式裡：

$$
\begin{array}{r}
4372 \\
\times\quad 346 \\
\hline
\end{array}
$$

$$12\diagup16+9\diagup24+21+12\diagup18+6+28\diagup42+8\diagup12$$

1 5 1 2 7 1 2　－答案

~~3 6 5 5 1~~　－進位的數字

再舉幾個例子，可以讓你的印象更深刻：

1.

$$3843$$
$$\times \quad 216$$

$$6 ╱ 3＋16 ╱ 18＋8＋8 ╱ 48＋4＋6 ╱ 24＋3 ╱ 18$$

$$8\ 3\ 0\ 0\ 8\ 8\ －答案$$
$$\cancel{2\ 4\ 6\ 2\ 1}\ －進位的數字$$

2.

$$5264$$
$$\times \quad 238$$

$$10 ╱ 15＋4 ╱ 40＋12＋6 ╱ 16＋8＋18 ╱ 48＋12 ╱ 32$$

$$1\ 2\ 5\ 2\ 8\ 3\ 2\ －答案$$
$$\cancel{2\ 6\ 4\ 6\ 3}\ －進位的數字$$

習題：

(1)　　4632
　　　 × 347

(2)　　3647
　　　 × 573

(3)　　5321
　　　 × 132

(4)	6821	(5)	4513	(6)	5732
	× 418		× 476		× 563

(7)	5744	(8)	5857	(9)	4843
	× 347		× 637		× 743

(10)	5844	(11)	5896	(12)	5949
	× 634		× 347		× 743

解答：

(1) 1607304　(2) 2089731　(3) 702372
(4) 2851178　(5) 2148188　(6) 3227116
(7) 1993168　(8) 3730909　(9) 3598349
(10) 3705096　(11) 2045912　(12) 4420107

印度式乘法心算法

　　如果你打算參加競爭激烈的考試，學會利用心算來計算乘法會很有幫助。因為根據專家的說法，這種考試的題目並不難。反而是時間限制會分出考生的成績高下。換句話說，如果你能在一定時間裡解出越多題目，你的勝算就越大。

　　你覺得該怎麼樣才能花較少的時間解出題目呢？答案就是用心算。

　　你有沒有從電腦列印過文件？如果有的話，你應該知道電腦處理列印的程序只要幾分鐘，但是用老式的印表機卻要花上好幾分鐘。為什麼會這樣？因為電腦的CPU處理的是電子程序，而印表機卻是機械程序。同樣的，心算就像電子程序，筆算則是機械程序。希望這樣的比喻能讓大家了解。

二位數×二位數

　　我來解釋一下印度式乘法心算法。這個心算是根據交叉計算所發展出來的。在交叉計算裡面，數字是依上下順序排列，不過心算時，要將數字排成橫排。用同樣的交叉技巧即可以解題：

$$a\,b \; \times \; x\,y \; = \; ax\diagup ay + bx \diagup by$$
$$3\,6 \; \times \; 2\,4 \; = \; 6\diagup 12 + 12 \diagup 24$$
$$= \; 8\;6\;4 \; -答案$$
$$\;\;\;\;\;\; \cancel{2\;\;2} \; -進位的數字$$

🫖 **運算步驟：**

- 把24置於36的下面，就像直式運算一樣，兩者相乘。
- 將每個步驟留下來進位的數字
  寫在最下面（如下所示）。
- 從右邊開始計算到左邊。

範例：

$$ab \times xy = ax \diagup ay + bx \diagup by$$

- $63 \times 74 = 46\ 6\ 2$ －答案
  $\qquad\qquad\quad 4\ \overline{1}$ －進位的數字
- $77 \times 23 = 17\ 7\ 1$ －答案
  $\qquad\qquad\quad 3\ \overline{2}$ －進位的數字
- $75 \times 64 = 48\ 0\ 0$ －答案
  $\qquad\qquad\quad 6\ \overline{2}$ －進位的數字
- $79 \times 83 = 65\ 5\ 7$ －答案
  $\qquad\qquad\quad \overline{9\ 2}$ －進位的數字

來練習
看看！

❓ **習題：**

(1) 78×64	**(2)** 67×56	**(3)** 35×47
(4) 46×73	**(5)** 47×52	**(6)** 33×39
(7) 77×34	**(8)** 63×28	**(9)** 71×26
(10) 68×54	**(11)** 98×23	**(12)** 74×29

解答

(1) 4992	**(2)** 3752	**(3)** 1645
(4) 3358	**(5)** 2444	**(6)** 1287

(7) 2618 　　**(8)** 1764 　　**(9)** 1846

(10) 3672 　　**(11)** 2254 　　**(12)** 2146

三位數×二位數

　　學過二位數乘以二位數的心算後，我們要進階到三位數
乘以二位數：

先舉幾個例子：

$$abc \times xy = ax \diagup ay + bx \diagup by + cx \diagup cy$$

・$336 \times 62 = 20\ 8\ 3\ 2$　－答案
　　　　　　　　~~2 4 1~~　－進位的數字

・$472 \times 24 = 11\ 3\ 2\ 8$　－答案
　　　　　　　　~~3 3 0~~　－進位的數字

・$638 \times 32 = 20\ 4\ 1\ 6$　－答案
　　　　　　　　~~2 3 1~~　－進位的數字

・$436 \times 56 = 24\ 4\ 1\ 6$　－答案
　　　　　　　　~~4 5 3~~　－進位的數字

・$538 \times 64 = 34\ 4\ 3\ 2$　－答案
　　　　　　　　~~4 6 3~~　－進位的數字

・$654 \times 54 = 35\ 3\ 1\ 6$　－答案
　　　　　　　　~~5 4 1~~　－進位的數字

(1) 678×52　　**(2)** 272×36　　**(3)** 853×44

(4) 422×73　　**(5)** 584×46　　**(6)** 346×28

(7) 921×28　　**(8)** 841×83　　**(9)** 673×49

(10) 674×59　　**(11)** 371×31　　**(12)** 849×47

解答

(1) 35256　　**(2)** 9792　　**(3)** 37532

(4) 30806　　**(5)** 26864　　**(6)** 9688

(7) 25788　　**(8)** 69803　　**(9)** 32977

(10) 39766　　**(11)** 11501　　**(12)** 39903

四位數×二位數

剛才學過三位數乘以二位數的心算法，現在就來看看四位數乘以二位數的心算法吧！

先從範例開始：

$$abcd×xy=ax／ay+bx／by+cx／cy+dx／dy$$

・4235×24＝１０１６４０ －答案

　　　　　　　　~~２１２２~~ －進位的數字

・6742×64＝４３１４８８ －答案

　　　　　　　　~~７５２０~~ －進位的數字

・8742×76＝６６４３９２ －答案

　　　　　　　　~~１０７３１~~ －進位的數字

・6453×82＝５２９１４６ －答案

　　　　　　　　~~４５３０~~ －進位的數字

習題：

(1) 6337×53　　(2) 5757×43　　(3) 6742×34

(4) 4321×27　　(5) 4476×29　　(6) 3842×37

(7) 4874×72　　(8) 5833×82　　(9) 9647×83

(10) 9949×29　(11) 8764×53　(12) 7323×82

解答

(1) 335861　　(2) 247551　　(3) 229228

(4) 116667　　(5) 129804　　(6) 142154

(7) 350928　　(8) 478306　　(9) 800701

(10) 288521　(11) 464492　(12) 600486

五位數×二位數

希望你現在已經學會四位數乘以二位數的心算法。接下來，我們來學五位數乘以二位數的心算法吧！

先從範例開始：

$$abcde \times xy = ax / ay + bx / by + cx / cy + dx / dy + ex / ey$$

- $64327 \times 74 = 4\ 7\ 6\ 0\ 1\ 9\ 8$ －答案
  $5\ 4\ 3\ 5\ 2$ －進位的數字
- $38743 \times 27 = 1\ 0\ 4\ 6\ 0\ 6\ 1$ －答案
  $4\ 7\ 6\ 3\ 2$ －進位的數字

習題：

(1) 64389×47　(2) 34673×28　(3) 32576×34
(4) 37426×31　(5) 52764×41　(6) 87621×35
(7) 41312×31　(8) 31761×36　(9) 52173×39
(10) 51342×51 (11) 21224×53 (12) 62173×82

解答

(1) 3026283　　(2) 970844　　(3) 1107584
(4) 1160206　　(5) 2163324　　(6) 3066735
(7) 1280672　　(8) 1143396　　(9) 2034747
(10) 2618442　　(11) 1124872　　(12) 5098186

如果你已經完全理解乘法心算法的基本運用，那麼你也可以試著找出下列乘法心算法的公式：

> 六位數×二位數
> 七位數×二位數
> 八位數×二位數
> 九位數×二位數

三位數×三位數

　　剛剛學過五位數乘以二位數的心算法。接下來學三位數乘以三位數。

先舉個例子：

> abc×xyz＝ax／ay＋bx／az＋by＋cx／bz＋cy／cz

- 542×236＝12 7 9 1 2　－答案
  　　　　　　2 4 3 1　　　－進位的數字
- 473×324＝15 3 2 5 2　－答案
  　　　　　　3 4 3 1　　　－進位的數字

(1) 573×284 **(2)** 642×473 **(3)** 852×341

(4) 971×488 **(5)** 952×217 **(6)** 672×499

(7) 871×273 **(8)** 856×262 **(9)** 947×376

(10) 948×487 **(11)** 864×623 **(12)** 761×671

解答

(1) 162732   **(2)** 303666   **(3)** 290532

(4) 473848   **(5)** 206584   **(6)** 335328

(7) 237783   **(8)** 224272   **(9)** 356072

(10) 461676   **(11)** 538272   **(12)** 510631

除法

魔法公式

我相信等你了解並學會了以下的這些計算法後，你一定會覺得神奇地像魔法一般。記得要把這種神奇的秒算法——魔法公式跟越多人分享越好。

尾數為 9 的除數

73除以139，該如何算到小數點第五位呢？我們先用傳統的方法來計算：

```
              0.52517
139 )         730
              695
              350
              278
              720
              695
              250
              139
             1110
              973
              137
```

現在，讓我們來試試魔法公式：

$73 \div 139$ 也可以寫成 $\dfrac{73}{139}$。

$$\frac{73}{139} \rightarrow \frac{73}{140} = \frac{73}{14} \times \frac{1}{10}$$

$$= 0 . 5\,2\,5\,1\,7 \quad -答案$$

$$\cancel{3\,7\,2\,1\,1} \quad -餘數$$

比較一下這兩種算法的答案是不是相同（？）。

用傳統除法算出來的結果到小數點第五位是0.52517。

用魔法公式所得出來的結果也是0.52517。

答案完全一樣，不過計算過程可就完全不一樣。一個比較麻煩，一個比較簡單。現在讓我來解釋一下步驟：

運算步驟：

· 73除以139可以寫成 $\dfrac{73}{139}$（尾數為9的除數）。

· $\dfrac{73}{139}$ 可以簡化為 $\dfrac{73}{140}$ 或 $\dfrac{73}{14} \times \dfrac{1}{10}$。

· 接下來用73除以14。

· 因為剛剛140已經乘以 $\dfrac{1}{10}$，所以除數73在相除時，要先把小數點標出來，73除以14得到的商數是5，餘數為3。把5寫在小數點後面，3寫在5的斜下方（如前頁所示）。

· 接下來的除數就是左下方的餘數3與商數5所構成的2位數，也就是35，用35除以14得到的商為2，餘數為7。把商數2寫在5的右邊，餘數7則寫在2的左下方。

· 接下來的除數為72，用72除以14得到的商數為5，餘

數為2。把商數5寫在上個步驟的2後面，餘數2則寫在5的左下方。

- 接下來的除數為25，用25除以14得到的商數為1，餘數為11。商數1寫在上個步驟的5後面，餘數11則寫在1的左下方。

- 截至目前為止，我們已經算到小數點後的四位數了，接下來的除數為111，用111除以14得到的商數為7。如此一來就算出小數點後的第五位數了。

- 如果要算出更多位數，只要重覆上述步驟即可。

現在我們已經學會尾數為9的除數的除法。

現在來多看幾個範例吧！

範例：

- $\dfrac{75}{139} \longrightarrow \dfrac{75}{140} = \dfrac{75}{14} \times \dfrac{1}{10}$

$$= 0 . 5\ 3\ 9\ 5\ 6\ 8 \quad -答案$$
$$\overline{5\ 13\ 7\ 9\ 11} \quad -餘數$$

- $\dfrac{63}{149} \longrightarrow \dfrac{63}{150} = \dfrac{63}{15} \times \dfrac{1}{10}$

$$= 0 . 4\ 2\ 2\ 8\ 1\ 8\ 7 \quad -答案$$
$$\overline{3\ 4\ 12\ 2\ 13\ 11} \quad -餘數$$

$$\cdot \frac{83}{189} \to \frac{83}{190} = \frac{83}{19} \times \frac{1}{10}$$

$$= 0\,.\,4\ 3\ 9\ 1\ 5\ 3 \quad -答案$$
$$7\ 17\ 2\ 10\ 6\ 8 \quad -餘數$$

?? 習題：

(1) $\dfrac{76}{139}$	**(2)** $\dfrac{64}{129}$	**(3)** $\dfrac{1}{19}$
(4) $\dfrac{1}{29}$	**(5)** $\dfrac{3}{39}$	**(6)** $\dfrac{5}{49}$
(7) $\dfrac{63}{129}$	**(8)** $\dfrac{43}{179}$	**(9)** $\dfrac{83}{119}$
(10) $\dfrac{76}{189}$	**(11)** $\dfrac{53}{149}$	**(12)** $\dfrac{57}{159}$

!! 解答

(1) 0.54676	**(2)** 0.49612	**(3)** 0.05263
(4) 0.03448	**(5)** 0.07692	**(6)** 0.10204
(7) 0.48837	**(8)** 0.24022	**(9)** 0.69747
(10) 0.40211	**(10)** 0.35570	**(12)** 0.35849

尾數為8的除數

　　現在你一定在想，剛剛的運算方式是不是只適用於尾數為9的除數。答案是否定的。同樣的技巧也可以運用在尾數為8、7、6的除數，只需稍微變動一下算式就可以了。

　　我們來看看運用於尾數為8的除數：

$$\frac{73}{138} \rightarrow \frac{73}{140} = \frac{73}{14} \times \frac{1}{10} = 0.\overset{+5+2+8+9}{\underset{3\ \ \cancel{12}\ \ \cancel{12}\ \ \cancel{10}}{5\ \ 2\ \ 8\ \ 9\ \ 8}} \text{－答案}$$

　　除數的尾數為8時（比9少1），其步驟如下：

- 跟上述73除以138，還有尾數為9的除數除法一樣，把餘數放在商數的前面作為下個步驟的被除數。
- 由於尾數為8的除數比尾數為9的除數少1，所以把每個位數得到的商數乘以1倍（9－8＝1），然後再與被除數相加除以14，接著算出下一位數的商。

　　這個例子裡，我們最先得到的商數為5，餘數是3。所以下一步驟的被除數是35，但是還要再加上5（商數的一倍）得到40。

　　然後用40除以14，算出第二步驟的商數為2，餘數是12。即，下個步驟的除數是122，但是還要再加上2（商的一倍），所以122加上2得到124。

　　接下來則用124除以14。以此類推地計算，直到算到你要求的小數點位即可。

1.

$$\frac{75}{168} \to \frac{75}{170} = \frac{75}{17} \times \frac{1}{10} = 0\ .\ \overset{+4+4+6+4}{4\quad 4\quad 6\quad 4}\ 2 - 答案$$
$$\overline{7\ \ 10\ \ 6\ \ 4}\qquad - 餘數$$

2.

$$\frac{83}{178} \to \frac{83}{180} = \frac{83}{18} \times \frac{1}{10} = 0\ .\ \overset{+4+6+6+2}{4\quad 6\quad 6\quad 2}\ 9 - 答案$$
$$\overline{11\ \ 10\ \ 4\ \ 16}\qquad - 餘數$$

3.

$$\frac{31}{188} \to \frac{31}{190} = \frac{31}{19} \times \frac{1}{10} = 0\ .\ \overset{+1+6+4+8}{1\quad 6\quad 4\quad 8}\ 9 - 答案$$
$$\overline{12\ \ 8\ \ 16\ \ 16}\qquad - 餘數$$

習題：

(1) $\dfrac{78}{138}$ **(2)** $\dfrac{54}{148}$ **(3)** $\dfrac{63}{128}$ **(4)** $\dfrac{51}{118}$

(5) $\dfrac{56}{118}$ **(6)** $\dfrac{49}{128}$ **(7)** $\dfrac{83}{178}$ **(8)** $\dfrac{89}{148}$

(9) $\dfrac{32}{148}$ **(10)** $\dfrac{37}{168}$

解答

(1) 0.56521 **(2)** 0.36486 **(3)** 0.49218

(4) 0.43220 **(5)** 0.47457 **(6)** 0.38281

(7) 0.46629 **(8)** 0.60135 **(9)** 0.21621

(10) 0.22023

尾數為其他數字的除數

我們已經知道尾數為 8 的除數該怎麼用魔法公式計算了，那麼，現在就用同樣的公式來計算尾數為 7 的除數。

舉一個例子：

$$\frac{73}{137} \rightarrow \frac{73}{140} = \frac{73}{14} \times \frac{1}{10} = 0 \ . \ 5 \quad 3 \quad 2 \quad 8 \quad 4 -答案$$

$$\overset{+10+6+4+16}{\underline{\quad 3 \quad 3 \quad 11 \quad 4 \quad}} -餘數$$

看到這個算式你應該能夠立刻知道，要把每個步驟得到的商數再加上它的兩倍（9－7＝2），然後再加上被除數（由商數和餘數構成的數字）。接下來的運算步驟都一樣。

範例：

$$\frac{73}{136} \rightarrow \frac{73}{140} = \frac{73}{14} \times \frac{1}{10} = 0 \ . \ 5 \quad 3 \quad 6 \quad 7 \quad 6 -答案$$

$$\overset{+15+9+18+21}{\underline{\quad 3 \quad 8 \quad 8 \quad 6 \quad}} -餘數$$

你知道尾數為 6 的除數該怎麼計算嗎？在這個例子中，是把商數加上它的三倍（9－6＝3），再加上被除數（餘數和商數構成的數字）。

目前為止，我們已經做過以下幾個例子的運算：

$$\frac{73}{139} \ , \ \frac{73}{138} \ , \ \frac{73}{137} \ , \ \frac{73}{136}$$

那麼，以下這幾個例題你會怎麼計算呢？

$$\frac{73}{135} \; , \; \frac{73}{134} \; , \; \frac{73}{133} \; , \; \frac{73}{132} \qquad 還有 \quad \frac{73}{131}$$

讓我們來分別作說明：

・$\dfrac{73}{135}$，將分子和分母一起乘以2，得到的答案是：

$$\frac{73}{135} \times \frac{2}{2} = \frac{146}{270} = \frac{146}{27} \times \frac{1}{10}$$

・$\dfrac{73}{134}$，將分子和分母一起乘以5，讓除數變小：

$$\frac{73}{134} \times \frac{5}{5} = \frac{365}{670} = \frac{365}{67} \times \frac{1}{10}$$

・$\dfrac{73}{133}$，將分子和分母一起乘以3。即可套用尾數為9的除數（分母）的計算公式。

$$\frac{73}{133} \times \frac{3}{3} = \frac{219}{399} \rightarrow \frac{219}{400} = \frac{219}{40} \times \frac{1}{10}$$

$$= 0 \; . \; 5 \quad 4 \quad 8 \quad 8 \quad 7 \quad -答案$$
$$ \cancel{19} \; \cancel{35} \; \cancel{34} \; \cancel{28} \; \cancel{8} \quad -餘數$$

・$\dfrac{73}{132}$，將分子和分母一起乘以5，讓除數變小：

$$\frac{73}{132} \times \frac{5}{5} = \frac{365}{660} = \frac{365}{66} \times \frac{1}{10}$$

・$\dfrac{73}{131}$ 有點不同，我們要把分子和分母各減去1。

$$\frac{73-1}{131-1}=\frac{72}{130}=\frac{72}{13}\times\frac{1}{10}=0\,.\overset{+4+4+2+7}{5\ \ 5\ \ 7\ \ 2\ \ 5}-\text{答案}$$
$$\underset{\underline{7\quad 9\quad 3\quad 6}}{}\qquad\quad-\text{餘數}$$

用先前的公式來計算，不過被除數改變了。

之前我們的被除數是由餘數與商數構成的兩位數，不過在這個例子中，被除數變成：餘數與（9－商數）構成二位數。

如果從例題來看，第一個步驟的被除數應該是75，不過事實上我們要用的是7和（9－商數5）構成的二位數，也就是74來當被除數。

範例：

$$\frac{63}{121}=\frac{63-1}{121-1}=\frac{62}{120}=\frac{62}{12}\times\frac{1}{10}$$

$$\overset{+4+7+9+3}{=0\,.\ 5\ \ 2\ \ 0\ \ 6\ \ 6}\quad-\text{答案}$$
$$\underline{2\quad 0\quad 7\quad 7}\qquad\quad-\text{餘數}$$

$$\frac{59}{171}=\frac{59-1}{171-1}=\frac{58}{170}=\frac{58}{17}\times\frac{1}{10}$$

$$\overset{+6+5+4+9}{=0\,.\ 3\ \ 4\ \ 5\ \ 0\ \ 2}\ -\text{答案}$$
$$\underline{7\quad 8\quad 0\quad 4}\qquad\quad-\text{餘數}$$

除數（分子）的小數點超過一位數

假如分子的小數點後面不只一位數，那還能用相同的方法計算嗎？

舉例：

$$\frac{738}{1399} = \frac{738}{1400} = \frac{738}{14} \times \frac{1}{100} = 0.5\,2\diagup75\diagup{}_{10}\diagup{}_{2}$$

你看出來了嗎？根據上述例題，只要計算二位數後再把餘數帶到下面來。

現在你可能會問，如果小數點後面有三位數該怎麼辦？其實只要計算三個位數再把餘數帶到下面來就可以了。

其他的計算方式都跟前面一樣，差別只在於餘數的部分而已。

?? 習題：

(1) $\dfrac{63}{131}$　(2) $\dfrac{84}{151}$　(3) $\dfrac{87}{171}$　(4) $\dfrac{89}{181}$

(5) $\dfrac{663}{1499}$　(6) $\dfrac{498}{1299}$　(7) $\dfrac{85}{176}$　(8) $\dfrac{45}{127}$

(9) $\dfrac{63}{137}$　(10) $\dfrac{54}{136}$

解答

(1) 0.48091　　(2) 0.55629　　(3) 0.50877

(4) 0.49171　　(5) 0.44229　　(6) 0.38337

(7) 0.48295　　(8) 0.35433　　(9) 0.45985

(10) 0.39705

除法之交叉計算法

除法形式

傳統的除法算式如下：

$$
\begin{array}{r}
商數 \\
\hline
除數 \,\big)\, 被除數 \\
\hline
餘數
\end{array}
$$

秒算法的除法形式（除法的交叉計算法）如下：

旗標數	被除數
除數	
	商數：餘數

舉例說明：

$$
178 \,\big)\, \overline{3246738}
$$

	被除數 ↓
旗標數→　8	324673：8　←餘數
除數→　17	
	商數：餘數

這個計算方式有兩個原則：

- 餘數區的數字位數永遠等於旗標數的數字位數。
- 除數最右邊的數字為旗標數。

上述例子中，如果我們把8當作旗標數，那麼除數就會變成17。

你可能會問，既然我已經會用傳統除法來計算了，為什麼還要學這種新的計算公式？因為使用傳統除法，如果除數為二位數，計算起來還算簡單，但如果除數變得很大，傳統除法算起來就會比較缺乏效率。不過，如果用這個計算公式，我們可以將數目較大的除數分解成較小的數目。四位數的除數可以變成二位數或一位，這個目的在於減少除法運算中的多位數複雜乘法。

用數值較小的三位數當作除數（旗標數只有一位數）

這個計算的完整公式是「除法＋旗標減法」，也就是先除以除數，再減去旗標數的倍數。

範例：

8	32	4	6	7	3 : 8
17		15	10		
		1	8		

♬ **運算步驟：**

運算要領——除法（先除以17）＋旗標減法（再減去旗標數8的倍數）

· 除法

第一個被除數是32。32除以17得到餘數15。商數1寫在橫線下方的答案列，15寫在4的左下方，如上述公

式。除法步驟完成後，接下來用減法。

· 旗標減法

初步得到的被除數為154，注意！這不是真正的被除數，還要再減掉旗標數的倍數。減法是利用上一步驟得出的商數，也就是用答案列的第一位數乘以旗標數，然後再被154減掉。

所以（154－8×1＝146）。下一步驟的被除數就是146。

· 除法

146除以17得到的商數為8。將8寫在答案列1的後面，餘數10寫在6的左下方，如下：

$$
\begin{array}{c|ccccc}
8 & 32 & 4 & 6 & 7 & 3 : 8 \\
\hline
17 & & 15 & 10 & & \\
\hline
& & 1 & 8 & &
\end{array}
$$

· 旗標減法

初步的被除數是106，再套上旗標減法（106－8×8＝106－64＝42），得到的42才是下個步驟的被除數。

· 除法

42除以17得到的商數為2。把2寫在答案列8的後面，餘數8則寫在7的左下方，如下：

$$
\begin{array}{c|ccccc}
8 & 32 & 4 & 6 & 7 & 3 : 8 \\
\hline
17 & & 15 & 10 & 8 & \\
\hline
& & 1 & 8 & 2 &
\end{array}
$$

・旗標減法

  初步的被除數是87，再套用旗標減法〔87－（8×2）
  ＝71，71才是下個步驟的被除數。

・除法

  71除以17得到的商數為4。把4寫在答案列2的右邊，
  餘數3寫在3的左下方，如下：

$$
\begin{array}{r|lllll}
8 & 32 & 4 & 6 & 7 & 3:8 \\
17 & & 15 & 10 & 8 & 3 \\
\hline
& & 1 & 8 & 2 & 4
\end{array}
$$

・旗標減法

  初步被除數是33，套用旗標減法（33－4×8）＝1，
  1就是下個步驟的被除數。

・除法

  1除以17得到的商數為0。把0寫在答案列，餘數1寫
  在8的左下方，如下式：

$$
\begin{array}{r|llllll}
8 & 32 & 4 & 6 & 7 & 3:8 \\
17 & & 15 & 10 & 8 & 3 & 1 \\
\hline
& & 1 & 8 & 2 & 4 & 0
\end{array}
$$

・旗標減法

  18－0×8＝18，餘數是18。

  所以答案是商數為18240、餘數為18。

再強調一次。

!!

再說明一次計算要領：

- 這個算法是由除法＋旗標減法組成。
- 如果旗標減法算出來的結果是負數，就要把上一步驟的商數減掉 1 ，然後再重新計算一次。

再舉一個例子，32466738÷178：

```
        8 │ 32  4   6   6   7   3：8
    17    │    15  10   8   2
          ├─────────────────────
          │     1   8   2   4
```

🫖 **運算步驟：**

- 32除以17得到的商數為 1 、餘數是15。
- 初步得到的被除數是154，透用旗標減法後，154減掉8得到146。
- 146除以17得到的商數為 8 、餘數是10。
- 初步得到的被除數是106，透用旗標減法後，106減掉64得到42。
- 42除以17得到的商數為 2 、餘數是 8 。
- 初步得到的被除數是86，透用旗標減法後，86減掉16得到70。
- 70除以17得到的商數為4、餘數是2。
- 初步得到的被除數是27，透用旗標減法後，27減掉32得到－5。

在此，我們看到旗標減法得到的答案是－5。由於是負數，我們無法再繼續計算。

所以跟前面一樣，回到上個步驟，將商數減去 1 ，也就
是，70除以17得到的商數為3，餘數是19。

8	32	4	6	6	7	3 : 8
17		15	10	8	19	20	12
		1 8	2	3	9	7 : 72

- 初步得到的被除數為197，套用旗標減法後，197減掉
  24得到173。
- 173除以17得到的商數為 9 、餘數為20，這裡的商數是
  9而不是10，計算方式同上個步驟。
- 初步得到的被除數為203，套用旗標減法後，203減掉
  72得到131
- 131除以17得到的商數為 7 、餘數為12。
- 在餘數區得到的初步被除數為128，然後再套用旗標減
  法，128減掉56得到72。因此答案就是182397，餘數為
  72。

經過這麼詳細的說明後，希望除法的交叉計算法你都已
經明白了。之所以會舉這麼多位數的例子，主要是希望大家
能從中理解。接下來的例子就比較簡單了。

範例1：

$48764 \div 156$

讓我們使用交叉運算法來計算

$$
\begin{array}{c|cccc}
6 & 48 & 7 & 6 & : 4 \\
15 & & 3 & 4 & 10 \\
\hline
& 3 & 1 & 2 & : 92
\end{array}
$$

運算步驟：

- 48除以15得到的商數為3、餘數是3。
- 初步得到的被除數是37，套用旗標減法後，37減掉18得到19。
- 19除以15得到的商數為1、餘數是4。
- 初步得到的被除數是46，套用旗標減法後，46減掉6得到40。
- 40除以15得到的商數為2、餘數是10。
- 初步得到的被除數是104，套用旗標減法後，104減掉12得到92。
- 因此商數為312、餘數是92。

範例2：

$73284 \div 187$

$$
\begin{array}{c|cccc}
7 & 73 & 2 & 8 & : 4 \\
18 & & 19 & 9 & 17 \\
\hline
& 3 & 9 & 1 & : 167
\end{array}
$$

運算步驟：

- 73除以18得到的商數為3、餘數是19。
- 初步得到的被除數是192，套用旗標減法後，192減掉21得到171。
- 171除以18得到的商數為9、餘數是9。
- 初步得到的被除數是98，套用旗標減法後，98減掉63得到35。
- 35除以18得到的商數為1、餘數是17。
- 初步得到的被除數是174，套用旗標減法後，174減掉7得到167。
- 因此商數為391、餘數是167。

※注意：

如果用很大的二位數當做除數，例如，6898÷89就可以用下列公式計算：

```
9 | 68    9 : 8
8 |
  |_____
  |
```

將被除數的其中一位數字當做旗標數字（右邊的9），另一個數字當作除數（左邊的8）。

習題：

(1) $40897 \div 167$ (2) $50326 \div 132$

(3) $326312 \div 157$ (4) $46896 \div 217$

(5) $58919 \div 159$ **(6)** $61312 \div 138$

(7) $32163 \div 126$ **(8)** $12462 \div 138$

(9) $13662 \div 116$ **(10)** $86962 \div 184$

(11) $62123 \div 154$ **(12)** $12633 \div 173$

(13) $83448 \div 137$ **(14)** $47132 \div 113$

(15) $87634 \div 198$ **(16)** $48321 \div 164$

(17) $58621 \div 189$ **(18)** $32362 \div 98$

(19) $58632 \div 89$ **(20)** $62361 \div 167$

(21) $13623 \div 158$ **(22)** $12238 \div 78$

(23) $21234 \div 97$ **(24)** $63212 \div 169$

解答（Q＝商數，R＝餘數）

(1) Q＝224, R＝149   **(2)** Q＝381, R＝34

(3) Q＝2078, R＝66   **(4)** Q＝216, R＝24

(5) Q＝370, R＝89   **(6)** Q＝444, R＝40

(7) Q＝255, R＝33   **(8)** Q＝90, R＝42

(9) Q＝117, R＝90   **(10)** Q＝472, R＝114

(11) Q＝403, R＝61   **(12)** Q＝73, R＝4

(13) Q＝609, R＝15   **(14)** Q＝417, R＝11

(15) Q＝442, R＝118   **(16)** Q＝294, R＝105

(17) Q＝310, R＝31   **(18)** Q＝330, R＝22

(19) Q＝658, R＝70   **(20)** Q＝373, R＝70

(21) Q＝86, R＝35   **(22)** Q＝156, R＝70

(23) Q＝218, R＝88   **(24)** Q＝374, R＝6

用數值較大的三位數當作除數（旗標數有兩位數）

接下來我要說明的是，當除數非常大的時候，應該怎麼計算。例如：

$$374268 \div 884$$

在這個例子中，我們從除數取兩位數來當作旗標，剩下的一位數當作除數，如下式：

```
 84 │ 37  4   2：6    8
 8  │     5   6
    │     4      2
```

運算步驟：

- 除法
  列出算式後，將第一個被除數37除以8所得到的商數為4、餘數是5。
- 旗標減法
  下一個被除數初步計算得到是54，接下來套用旗標減法。將旗標數字的左邊位數×商數的第一位數，也就是54－（8×4）＝54－32＝22。
- 除法
  下一個被除數是22，22除以8得到的商數為2、餘數是6。
- 旗標減法
  初步計算得到的被除數是62，接下來要套用旗標減

法，這裡要把旗標的兩位數字分別和商數的兩位數
字交叉相乘，也就是：

$$62-〔（8×2）+（4×4）〕$$
$$=62-（16+16）$$
$$=62-32$$
$$=30$$

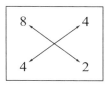

・除法

計算得到的被除數是30，30除以8得到的商數為3、餘
數是6。

84	37	4	2 : 6	8
8		5	6 6	
		4	2 3	

・旗標減法

將餘數6寫在餘數區。得到初步計算的被除數是66，
再將旗標的兩位數和商數的兩位數字分別交叉相乘、
加起來以後再用66去減：

$$66-〔（8×3）+（4×2）〕$$
$$=66-（24+12）$$
$$=66-32$$
$$=34$$

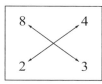

計算得到的答案是34。

・被除數的最後一位數是 8 ，和上個步驟的34合起來就是348， 然後再減去（旗標的最後一位數乘以商數的最 後一位數），也就是說：

$348 - (4 \times 3) = 348 - 12 = 336$。

餘數就是336。

因此，最後得到的答案是：商數為423、餘數是336。

習題：

(1) $80649 \div 984$	**(2)** $60312 \div 762$
(3) $51336 \div 862$	**(4)** $43212 \div 978$
(5) $61231 \div 869$	**(6)** $78632 \div 789$
(7) $13263 \div 876$	**(8)** $76321 \div 594$
(9) $68323 \div 964$	**(10)** $89033 \div 879$
(11) $50321 \div 972$	**(12)** $99631 \div 997$

解答（Q＝商數，R＝餘數）

(1) $Q = 81, R = 945$	**(2)** $Q = 79, R = 114$
(3) $Q = 59, R = 478$	**(4)** $Q = 44, R = 180$
(5) $Q = 70, R = 401$	**(6)** $Q = 99, R = 521$
(7) $Q = 15, R = 123$	**(8)** $Q = 128, R = 289$
(9) $Q = 70, R = 843$	**(10)** $Q = 101, R = 254$
(11) $Q = 51, R = 749$	**(12)** $Q = 99, R = 928$

用四位數當除數

　　只要把兩位數當作旗標數字，就可以輕易地計算除數為四位數的除法。

舉例說明： 827476 ÷ 1568

把它寫成我們要用的公式：

```
 68│ 82   7    4 : 7    6
 15│      7   17   17
   │      5    2    7
```

那麼如何計算呢？

運算步驟：

- 82除以15得到的商數為5、餘數是7。
  初步得到的被除數是77，套用旗標減法後，77減掉30得到47。

- 47除以15得到的商數為2、餘數是17。（如果除以3答案會變負數，因此，返回上個步驟將商數減1，於是會得到商數2）

- 初步得到的被除數是174，套用旗標減法後，174減掉52得到122。

```
┌─────────────┐
│ 6         8 │
│   ╲     ╱   │
│     ╳       │
│   ╱     ╲   │
│ 5         2 │
└─────────────┘
```

- 122除以15得到的商數為7、餘數是17。

- 初步得到的被除數是177，套用旗標減法後，177減掉58得到119。

- 最後119和6合起來得到1196。
- 1196—旗標數的最後一位數×商數的最後一位數，即1196減掉 8 乘以 7 ，得到1140。
- 因此，答案是商數為527、餘數是1140。

習題：

(1)	$106356 \div 1274$	**(2)**	$987634 \div 1156$
(3)	$382123 \div 1584$	**(4)**	$63426 \div 1376$
(5)	$87342 \div 1897$	**(6)**	$87643 \div 1654$
(7)	$38321 \div 1997$	**(8)**	$16841 \div 1764$
(9)	$18432 \div 1964$	**(10)**	$68432 \div 1843$
(11)	$81762 \div 1643$	**(12)**	$46421 \div 1732$
(13)	$38347 \div 1549$	**(14)**	$28614 \div 1963$
(15)	$56498 \div 1859$	**(16)**	$57134 \div 2163$
(17)	$38413 \div 1269$	**(18)**	$338624 \div 1781$
(19)	$64321 \div 1843$	**(20)**	$20016 \div 1836$

解答（Q＝商數，R＝餘數）

(1)	Q＝83, R＝614	**(2)**	Q＝854, R＝410
(3)	Q＝241, R＝379	**(4)**	Q＝46, R＝130
(5)	Q＝46, R＝80	**(6)**	Q＝52, R＝1635
(7)	Q＝19, R＝378	**(8)**	Q＝9, R＝965
(9)	Q＝9, R＝756	**(10)**	Q＝37, R＝241
(11)	Q＝49, R＝1255	**(12)**	Q＝26, R＝1389

(13) Q＝24, R＝1171 **(14)** Q＝14, R＝1132
(15) Q＝30, R＝728 **(16)** Q＝26, R＝896
(17) Q＝30, R＝343 **(18)** Q＝190, R＝234
(19) Q＝34, R＝1659 **(20)** Q＝10, R＝1656

小數點的除法

　　除法討論了這麼多，我們現在要來看看，如果不計算餘數，但要除到小數點後面好幾位數時，該怎麼計算。比方說，我們想計算3246738除以178，並且計算到小數點後第三位。

　　首先，我們先把除法算式列出來：

```
  8 │ 3   2   4   6   7   3 ： 8 ： ： 0 0 0
 17 │
    └─────────────────────────────────────────
```

　　計算的步驟和前面完全相同，我們只要在被除數後面加三個零，以便計算到小數點第三位。這題的解題方式和前面相同。

```
  8 │ 3   2   4   6   7    3 ： 8 ： ： 0 0 0
 17 │    15  10  8   3      1      1 2 3
    └─────────────────────────────────────────
         1   8   2   4      0．  1 0 1
```

- 32除以17得到的商數為 1 、餘數是15。
- 初步計算得到的被除數是 154，
  套用旗標減法後，$154-8\times1=146$。
  146除以17得到的商數為 8 、餘數是10。
- 初步計算得到的被除數是106，
  套用旗標減法後，$106-64=42$。
- 42除以17得到的商數為 2 、餘數是8
- 初步計算得到的被除數是87，
  套用旗標減法後， $87-16=71$。
- 71除以17得到的商數為 4 、餘數是3 。
- 初步計算得到的被除數是33，
  套用旗標減法後， $33-32=1$。
- 1除以17得到的商數為 0 、餘數是 1 。

接下來進入餘數區，首先要在目前得到的商數後面加上小數點，然後繼續運算：

- 初步得出被除數為18，旗標減法 $18-0\times8=18$。
- 18除以17，商數為 1 ，餘數為 1 。
- 初步得出被除數為10，旗標減法 $10-（1\times8）=2$。
- 2除以17，商數為 0 ，餘數為 2 。
- 初步得出被除數為20，旗標減法 $20-0\times8=20$
- 20除以17，商數為 1 ，餘數為 3 。
- 初步得出被除數為30，旗標減法 $30-1\times8=22$。答案就是，18240.101。

我們可以用同樣的方法算到小數點後面好幾位，不管除數是三位數或四位數都可以。

怎麼計算到小數點後第一位呢？

- 如果你要除到小數點後第一位，可以運用下述公式：
  $86432 \div 197$

7	8 6 4 3 : 2 : : 0 ←	在這裡加一個零，因為要除到小數點後第一位。
19		

- 假設要算到小數點後第二位，運算公式如下：

7	8 6 4 3 : 2 : : 0 0←	在這裡加兩個零，因為要除到小數點後第二位。
19		

- 假如你要算到小數點後第五位，又該怎麼辦呢？只要在被除數後面加五個零，然後按照前面的步驟來計算即可。記住，記入餘數區時要在答案後面先加上小數點。

習題：

請將下列習題運算至小數點後第四位：

(1) $86432 \div 197$ **(2)** $343762 \div 1654$

(3) $48436 \div 168$ **(4)** $56336 \div 198$

(5) $43643 \div 894$ **(6)** $87643 \div 976$

(7) $732162 \div 1898$ **(8)** $17326 \div 978$

(9) $17632 \div 687$ **(10)** $10132 \div 1874$

(11) $36242 \div 884$ **(12)** $876321 \div 1984$

⑩ 解答：

(1) 438.7411   (2) 207.8367
(3) 288.3095   (4) 284.5252
(5) 48.8176   (6) 89.7981
(7) 385.7544   (8) 17.7157
(9) 25.6652   (10) 5.4066
(11) 40.9977   (12) 441.6940

平方

數字尾數為 5 的平方

雖然以下的計算方法已經在「第一公式」那章節解釋過了，但在此還是再複習一遍加深印象。

$$85^2 = \begin{array}{r} 85 \\ \times 85 \\ \hline 7225 \end{array}$$

🫖 **運算步驟：**

- 將 5×5 得到的 25 寫在右邊。
- 將左上角的 8 加 1，8＋1＝9。
- 9 乘以左下角的 8，9×8＝72，將 72 寫在答案列的左邊。
- 答案就是 7225。

用同樣的方法，我們可以算出數字尾數為 5 的平方。

習題：

(1) 15^2 **(2)** 25^2 **(3)** 25^2 **(4)** 45^2

(5) 55^2 **(6)** 65^2 **(7)** 75^2 **(8)** 85^2

(9) 95^2 **(10)** 105^2 **(11)** 115^2 **(12)** 125^2

(13) 135^2 **(14)** 145^2 **(15)** 155^2 **(16)** 165^2

(1) 225 　　**(2)** 625 　　**(3)** 1225 　　**(7)** 2025

(5) 3025 　**(6)** 4225 　　**(7)** 5625 　　**(8)** 7225

(9) 9025 　**(10)** 11025 　**(11)** 13225 　**(12)** 15625

(13) 18225 **(14)** 21025 　**(15)** 24025 　**(16)** 27225

找出與尾數 5 接近的數字平方

正算法：

　　如果已知某個數字的平方是多少，例如（$75^2 = 5625$），
那麼該如何算出76的平方呢？

　　$75^2 = 5625$

　　$75^2 = 75^2 + （75 + 76）= 5625 = 5776$

$$\begin{array}{r} +151 \\ \hline 5776 \end{array}$$

運算步驟：

　　上述公式很簡單吧！不需要做說明也能清楚明白，但我
還是稍微說明一下：

- $75^2 = 5625$
- （$75 + 76 = 151$）就會等於76^2
- $76^2 = 5776$

習題：

(1) 36^2　　**(2)** 37^2　　**(3)** 46^2　　**(4)** 56^2

(5) 57^2　　**(6)** 66^2　　**(7)** 67^2　　**(8)** 86^2

(9) 96^2　　**(10)** 97^2

a^2

(1) 1296   **(2)** 1369   **(3)** 2116   **(4)** 3136

(5) 3249   **(6)** 4356   **(7)** 4489   **(8)** 7396

(9) 9216   **(10)** 9409

倒算法：

你喜歡用正算法嗎？剛才學過了計算比 5 的倍數多 1 的數字要怎麼計算平方。

現在就讓我們來試看看倒算法，也就是比 5 的倍數少 1 的數字要怎麼計算。

假設我們知道某個數字的平方是多少，例如，我們已知 70 的平方，那麼 69 的平方要怎麼計算？

$$70^2 = 4900$$

$$69^2 = 4900 - (69 + 70) = 4900 - 139 = 4761$$

習題：

(1) 29^2 **(2)** 24^2 **(3)** 34^2 **(4)** 39^2

(5) 44^2 **(6)** 49^2 **(7)** 54^2 **(8)** 59^2

(9) 64^2 **(10)** 69^2 **(11)** 74^2 **(12)** 79^2

(13) 84^2 **(14)** 89^2 **(15)** 94^2 **(16)** 99^2

(1) 841	(2) 576	(3) 1156	(4) 1521
(5) 1936	(6) 2401	(7) 2916	(8) 3481
(9) 4096	(10) 4761	(11) 5476	(12) 6241
(13) 7056	(14) 7921	(15) 8836	(16) 9801

平方的心算法

我們先用前面學過的公式算出11的平方：

$11^2 = 11 + 1 ／ 1^2 = 12 ／ 1 = 121$

你應該已經看懂了，不過還是再稍微說明一下：

1. 斜線只是區隔用。

2. 運算區域以 10為基準數。

3. 11比10多 1。

4. 把 1 與11相加，得到12。

5. 斜線後面的數字只能有 1 位數。

6. 如果斜線後面的數字超過 1 位數，就把最右邊的數字寫在斜線後的最右邊，其餘的數字則加到斜線的左手邊。

你能用相同的方式找出其他數字的平方嗎？

・$12^2 = 12 + 2 ／ 2^2 = 14 ／ 4 = 144$

・$13^2 = 13 + 3 ／ 3^2 = 16 ／ 9 = 169$

・$14^2 = 14 + 4 ／ 4^2 = 18 ／ 16$

a^2

$$=18/_16=196（運用上述第六個步驟）$$

$$\cdot\ 15^2=15+5/5^2=20/25$$

$$=20/_25=225（運用上述第六個步驟）$$

$$\cdot\ 16^2=16+6/6^2=22/36$$

$$=22/_36=256（運用上述第六個步驟）$$

只要按照這個公式，你可以一直算到19的平方。那麼20以上的平方該怎麼計算？

其實公式還是一樣，只要稍微變化一下。

$$21^2=2\times（21+1）/1^2$$

$$=2\times（22）/1=44/1=441$$

做這樣的改變是因為現在的運算區域是基準數10的兩倍，所以必須再乘以2。那麼21～29的數字都可以套用這個算法嗎？我們來算算看：

$$22^2=2\times（22+2）/2^2$$

$$=2\times（24）/4=48/4=484$$

$$23^2=2\times（23+3）/3^2$$

$$=2\times（26）/9=52/9=529$$

$$24^2=2\times（24+4）/4^2$$

$$=2\times（28）/16=56/_16=576$$

學會這個算法後，你能不能算出31～39的平方呢？

$$31^2=3\times（31+1）/1^2$$

$$=3\times（32）/1=96/1=961$$

你應該能利用上述公式輕鬆地計算到99的平方。

立方

二位數的立方算法

要算出二位數的立方必須運用下述公式：

$$(a+b)^3 = a^3 + 3a^2b + 3ab^2 + b^3$$

你也可以把它改寫成：

$$a^3 + a^2b + ab^2 + b^3$$
$$2a^2b \quad 2ab^2$$

為了簡化計算，我們要把 $3a^2b$ 和 $3ab^2$ 分解成兩個部分，a^2b 加 $2a^2b$ 以及 ab^2 加 $2ab^2$。

在上述公式裡，我們看到 a^3、a^2b、ab^2 和 b^3 都是放在第一列，而 $2a^2b$ 和 $2ab^2$ 則放在第二列。這整個公式就是要把兩列加總在一起。

如果我們仔細看第一列會發現：

$a^3 \times \dfrac{b}{a} = a^2b$；$a^2b \times \dfrac{b}{a} = ab^2$，以及 $ab^2 \times \dfrac{b}{a} = b^3$

我們可以確定第一列的每個數字之間的比例都是 $\dfrac{b}{a}$。只要找出 $\dfrac{b}{a}$ 是多少，就能得到答案了。

舉例說明：

12^3 的話，十位數的數字為 a，個位數的數字為 b，因此我們可以得到 $a = 1$, $a^3 = 1$, $b = 2$，以及 $\dfrac{b}{a} = 2$

運算步驟：

- 首先是 $a^3 = 1^3 = 1$。
- 第二個要算的是 $a^2b = a^3 \times \dfrac{b}{a} = 1 \times 2 = 2$。
- 第三個是 $ab^2 = a^2b \times \dfrac{b}{a} = 2 \times 2 = 4$。

a^3

- 第四個是 $b^3 = ab^2 \times \dfrac{b}{a} = 4 \times 2 = 8$。
- 把這些答案寫在第一列，留一個空位。
- 第二列只要把中間兩個數各乘以2，也就是$a^2b=2$，所以$2a^2b=4$，$ab^2=4$，所以$2ab^2=8$，因此第二行會得到4和8。
- 現在把所有的答案加總起來。

$$
\begin{array}{cccc}
1 & 2 & 4 & 8 \\
& 4 & 8 & \\
\hline
1 & 7 & 2 & 8 \\
& + & &
\end{array}
$$

1 7 2 8 －答案

＋ －進位的數字

接著來算看看16的立方。$a=1, b=6, \dfrac{b}{a}=6, a^3=1$

$$16^3 = 1 \quad 6 \quad 36 \quad 216$$
$$12 \quad 72$$

4　0　9　6 －答案

3　12　21 －進位的數字

🫖 **運算步驟：**

- 右邊的216當中，將6這個數字保留做為答案，21則加到左邊。
- 把21與36跟72相加後，得到129。保留9做為答案，12則加到左邊。
- 12加到左邊後，得到30。保留0做為答案，3則加到左邊。
- 3加到最左邊的數字後，得到4。這樣就算出答案4096了。

再舉一個例子說明：

・21^3，$a=2, b=1, a^3=8$ 以及 $\dfrac{b}{a}=\dfrac{1}{2}$

$21^3 =$ 8 4 2 1

     8 4

―――――――

  9 2 6 1　－答案

  ~~10~~　　－進位的數字

・22^3，$a=2, b=2 \, a^3=8$ 以及 $\dfrac{b}{a}=1$

$22^3 =$ 8　　8　　8　　8

      16　16

―――――――――――

10　6　　4　　8　－答案

  ~~2~~　　~~2~~　　~~0~~　－進位的數字

・25^3，$a=2, a^3=8, b=5$ 以及 $\dfrac{b}{a}=\dfrac{5}{2}$

$25^3 =$ 8　　20　　50　　125

      40　　100

―――――――――――――

15　6　　2　　5　－答案

  ~~7~~　~~16~~　~~12~~　－進位的數字

・27^3，$a=2, a^3=8, b=7$ 以及 $\dfrac{b}{a}=\dfrac{7}{2}$

$27^3 =$ 8　　28　　98　　343

      56　　196

―――――――――――――

19　6　　8　　3　－答案

  ~~11~~　~~32~~　~~34~~　－進位的數字

你可以用這個公式算出任何二位數的立方哦！

(1) 14^3 **(2)** 17^3 **(3)** 18^3 **(4)** 19^3

(5) 24^3 **(6)** 26^3 **(7)** 28^3 **(8)** 29^3

(9) 31^3 **(10)** 32^3 **(11)** 33^3 **(12)** 37^3

(13) 39^3 **(14)** 42^3 **(15)** 45^3 **(16)** 46^3

(17) 47^3 **(18)** 48^3 **(19)** 49^3 **(20)** 52^3

(21) 53^3 **(22)** 54^3 **(23)** 55^3 **(24)** 56^3

(25) 57^3 **(26)** 58^3 **(27)** 59^3 **(28)** 61^3

(29) 62^3 **(30)** 63^3

解答

(1) 2744   **(2)** 4913   **(3)** 5832

(4) 6859   **(5)** 13824   **(6)** 17576

(7) 21952   **(8)** 24389   **(9)** 29791

(10) 32768   **(11)** 35937   **(12)** 50653

(13) 59319   **(14)** 74088   **(15)** 91125

(16) 97336   **(17)** 103823   **(18)** 110592

(19) 117649   **(20)** 140608   **(21)** 148877

(22) 157464   **(23)** 166375   **(24)** 175616

(25) 185193   **(26)** 195112   **(27)** 205379

(28) 226981   **(29)** 238328   **(30)** 250047

平方根

完全平方數的平方根

要計算平方根，先要有一些背景資訊。請看下面說明：

最後一位數

1^2	$=$	1	1
2^2	$=$	4	4
3^2	$=$	9	9
4^2	$=$	16	6
5^2	$=$	25	5
6^2	$=$	36	6
7^2	$=$	49	9
8^2	$=$	64	4
9^2	$=$	81	1
10^2	$=$	100	00

看完上述例子後，我們可以推論，完全平方數的尾數都是1，4，5，6，9或00；換句話說，完全平方數的尾數絕對不會是2，3，7 或8。

而且，平方根的位數等於

$$\frac{n}{2} \text{ 或 } \frac{(n+1)}{2}$$

（譯按：假設要開平方的數字有n位數）

以及，我們要找出數字的 「對應數（duplex）」，如下頁。

數字	對應數
a	a^2
ab	$2ab$
abc	$2ac + b^2$
abcd	$2ad + 2bc$
abcde	$2ae + 2bd + c^2$
abcdef	$2af + 2be + 2cd$

數字	對應數
2	$2^2 = 4$
21	$2 \times (2 \times 1) = 4$
212	$2 \times (2 \times 2) + 1^2 = 9$
2124	$2(2 \times 4) + 2(1 \times 2) = 20$
21243	$2(2 \times 3) + 2(1 \times 4) + 2^2 = 24$

先要了解「對應數」才能找出平方根。

舉例說明：

$$\sqrt{2116}$$

8	2	1	:	1	6
			5		3
	4	6	:		0

運算步驟：

· 將要開平方根的數字做分成若干組（請參考除法之交叉計算的排法）。

· 利用剛剛的開平方表，找出答案的第一位數。答案為

4（4的平方式最接近21的數，因此得之）。

- 把 4 寫在答案列（參考除法之交叉計算法的答案列），4乘以4得到16，然後將21減掉16得到5，把5寫在21的右下方。

- 然後把第一個步驟算出來的答案乘以2，當作除數，也就是4乘以2 得到8，以8為除數。

- 現在我們可以來找出平方根了。

```
     | 2 1    1    6
  8  |     5    3
     |----------------
     |    4       6
```

- 初步計算得到的被除數是51，51除以8得到的商數為6、餘數是3。

- 解出答案了，平方根就是46（$\frac{n}{2} = \frac{4}{2} = 2$）。不過我們再進一步說明清楚。

- 下一個步驟的被除數是36，36減去商數的最後一位6的「對應數」，也就是$36 - 6^2 = 0$。

```
     | 2 1    1    6
  8  |     5    3
     |----------------
     | 4 6      0
```

- 餘數是0，即2116為完全平方數。

運算要領：

- 平方根和除法一樣，也是將兩大步驟組合起來的過程——除法和旗標減法。

只不過在這裡，計算平方根裡的除數是第一個答案數字的兩倍，而旗標減法則是減去商數的「對應數」，只保留答案的第一個位數。

· 找出「對應數」前，先把答案的第一位數區隔開來。

再舉例說明會更清楚：

	4	6	2	4
12		10	6	
	6	8	：	0

運算步驟：

· 我們先找出答案的第一位數是6（6的平方是最接近46的數，所以第一個數是6），所以除數是6×2＝12。

· 46除以12得到的商數是3、餘數為10，寫在下一位數2的左下方。

· 初步計算得到的被除數是102，102除以12得到的商數為8、餘數是6，把6寫在4的左下方。

· 接下來下個步驟所得到的被除數就是64。套用旗標減法要減去商數最後一位8的「對應數」，即 $8^2＝64$，64－64＝0，所以答案為68。

※注意：

最後一個步驟可以省略，因為從前面的推論可以發現，開平方根後的位數是 $\frac{n}{2}＝2$，而上面舉的例子是一個完全平方數。

範例：

$$\sqrt{12996}$$

	1	2	9	9	6
2	0	0	0		
	1	1	4	:	0

🫖 運算步驟：

- 我們知道答案的第一位數是 1，所以除數就是 $1 \times 2 = 2$。
- $1 - 1 = 0$，把 0 寫在 2 的左下方。
- 下一個被除數是 2，$2 \div 2 = 1$，所以餘數是 0。
- 旗標減法：前一個步驟得到的被除數是 9。套用旗標減法要用 $9 - 1$（$1^2 = 1$），得到 8。
- 8 除以 2 得到商數為 4、餘數是 0。運算到此已經算完成。因為答案已經有 3 位數，也就是 $\frac{(n+1)}{2}$，$n = 3$。接下來要算餘數。
- 旗標減法：前一個步驟得到的被除數是 9。

	1	2	9	9	6
2	0	0	0		
	1	1	4		

- 套用旗標減法 1 ＝ 09 － 14 的「對應數」
  ＝ $09 - 2 \times (1 \times 4) = 1$
- 套用旗標減法 2 ＝ 16 － 4 的「對應數」
  ＝ $16 - 4^2 = 0$。

所以餘數為 0。

這個方法也可以求六位數的平方根。

範例：

$$\sqrt{125316}$$

	12	5	3	1	6
6		3	5	4	1
	3	5	4		

運算步驟簡要說明：

- 答案的第一位數是 3 ，餘數是 3 ，所以除數是 3 乘以 2 得到 6 。

- 初步計算得到的被除數是 35，35 除以 6 得到的商數為 5，餘數也是 5。

- 初步計算得到的被除數是 53，53 套用旗標減法要減去 5 的「對應數」為 5^2，然後得到 28。再將 28 除以 6 得到的商數為 4、餘數也是 4。運算到此完成。

- 再應用旗標減法算出餘數。

- 41－54 的「對應數」＝41－2（20）＝1。
  （6 和 1 合在一起，變成 16）

- 16－4 的「對應數」＝$16-4^2$＝0 ，所以餘數為 0。

不完全平方數的平方根

不完全平方數的平方根算到小數點後面的位數

範例：

$$\sqrt{732108}$$

	73	2	1	0	8	0	0
16	9	12	16	14	15	12	
	8	5	5	6	3	3	

運算步驟：

- 平方根的位數＝$\dfrac{n}{2}$＝3。
- 答案的第一位數是8（8的平方最接近73，所以第一位數為8），餘數是9，所以除數是2×8＝16。
- 92除以16得到的商數為5、餘數是12。
- 121減掉5的「對應數」為5^2等於96
- 96除以16得到的商數為5、餘數是16。

（如果把商數算成6，就會變成負數）。

我們已經找出小數點前3位數的答案了。接下來要算小數點後面位數的答案。

- 160減掉55的「對應數」等於110。
- 110除以16得到的商數為6、餘數是14。
- 148減掉556的「對應數」〔2×（5×6）＋5^2〕＝148－85＝63。
- 63除以16得到的商數為3、餘數是15。
- 在被除數後面加上00，初步計算得到的被除數是150，

150減掉5563的對應數＝150 －〔2×（5×3）＋2×

（5×6）〕，得到60。

· 60除以16得到的商數為3、餘數是12。

· 所以答案是855.633。

?? 習題：

(1) 186241　　(2) 225646　　(3) 38123

(4) 25362　　(5) 1681　　(6) 2025

(7) 18634　　(8) 199432　　(9) 106324

(10) 10876　　(11) 13637　　(12) 98436

(13) 63473　　(14) 742822　　(15) 898426

(16) 60123　　(17) 163462　　(18) 131261

(19) 50217　　(20) 48324

解答

(1) 431.556　　(2) 475.022　　(3) 195.251

(4) 159.254　　(5) 41　　(6) 45

(7) 136.506　　(8) 446.578　　(9) 326.073

(10) 104.288　　(11) 116.777　　(12) 313.745

(13) 251.938　　(14) 861.871　　(15) 947.853

(16) 245.199　　(17) 404.304　　(18) 362.299

(19) 224.091　　(20) 219.827

立方根

完全立方數的立方根

計算立方根同樣也需要背景資料。

			最後一位數
1^3	=	1	1
2^3	=	8	8
3^3	=	27	7
4^3	=	64	4
5^3	=	125	5
6^3	=	216	6
7^3	=	343	3
8^3	=	512	2
9^3	=	729	9

從上述例子可以知道，2的立方尾數是 8 ，3的立方尾數是 7 ，反之亦然（8的立方尾數是 2 ，7的立方尾數是 3 ）。所有的數字都有對應的特性。

運算步驟：

先從最右邊開始，每三位數劃一個逗點。
例如：

— 　　　9,261

— 　　　1,728

— 　　32,768

— 　175,616

- 接下來，看看最後一位數字是多少，對照剛才的立方數字表，應該就可以查出答案的最後一位數。
- 然後算出逗點左邊的第一群數字的立方根，那就是你答案的第一位數。
- 目前為止，你已經找出答案的第一和最後一位數了。

範例：

- 9,2 6 1
  - 2   1

運算步驟：

- 從最後一位數開始算，每三位數劃一個逗點。所以要在9的後面劃一個逗點。
- 看到最後一位數是1，因為1的立方根也是1，所以答案的最後一位數是1。
- 接下來看第一位數9，我們知道比9小的立方是2^3，也就是8，因為$3^3 = 27$ 就比9大太多了。
- 所以答案的第一位數是2，因此答案就是21。

再舉一個例子：

- 3 2,7 6 8
  - 3   2
- 首先，我們發現題目最後一個數字的立方根等於2。
- 逗點前兩位數是32，所以答案的第一位數是3，因為3^3 =27小於32。如果是4^3 = 64 就太大了。
- 所以最後的答案是32。

※注意：

- 這個算法只能用於完全立方數。
- 不過這個算法對於找出近似值也很有用。

這裡是重點喔！

聯立
方程式

聯立方程式

聯立方程式是很常運用的公式，因此我想在這本書也一併介紹。

我們先舉個例子：

5x	−	3y	=	11
6x	−	5y	=	9

在這個例子裡，我們如果可以找出 x 值，那麼要找出 y 值就不會太困難。要計算 x 是多少，要先了解一個運算重點。

 分子的計算

*運算重點

5x	−	3y	=	11
6x	−	5y	=	9

$$x = \frac{\text{分子}}{\text{分母}}$$

（第一行 y 前面的係數×第二行的常數）−（第二行 y 前面的係數×第一行的常數）〔係數不能跟前面的運算符號分開〕

因此，分子＝（−3×9）−（−5×11）

＝−27＋55＝28。

137

 **分母的計算**

＊運算重點

$$5x \begin{matrix} \\ - \\ \end{matrix} 3y = 11$$

$$6x \begin{matrix} \\ - \\ \end{matrix} 5y = 9$$

（第一行 y 前面的係數×第二行 x 前面的係數）－（第二行 y 前面的係數×第一行 x 前面的係數）〔係數不能跟前面的運算符號分開〕

所以，分母＝（－3×6）－（－5×5）

$$= -18 + 25 = 7$$

$$x = \frac{分子}{分母}$$

$$= \frac{28}{7} = 4$$

習題：

(1) $11x + 6y = 28$
  $7x - 4y = 10$

(2) $3x + 2y = 4$
  $8x + 5y = 9$

(3) $2x + 3y = 12$
  $3x - 2y = 5$

(4) $7x + 9y = 85$
  $4x + 5y = 48$

解答

(1) $x = 2, y = 1$
(2) $x = -2, y = 5$
(3) $x = 3, y = 2$
(4) $x = 7, y = 4$

特殊型

 特殊型──類型Ⅰ

範例：

$$6x + 7y = 8$$
$$19x + 14y = 16$$

如果要解出 x 和 y，按普通的算法，要花多少時間才能將答案算出來？

大概要花兩三分鐘。

在這個例子當中，你看得出來 y 的係數和等號右邊兩常數的比例相等嗎？

$$\frac{7}{14} = \frac{8}{16}$$

公式有一個規定，如果其中有個數值比例相同，那麼另外一個數字就是0。在這個等式中，y 的係數比例與兩常數比相同，所以 x ＝0。

答案： x＝0

$$y = \frac{8}{7}$$

檢查一下，看你懂了嗎？

$$12x + 78y = 12 \qquad \textbf{答案：} y=0, x=1$$
$$16x + 96y = 16$$

$$45x - 23y = 113$$
$$23x - 45y = 91$$

當你發現 x 和 y 的係數互換時，就先把兩個數式相加在一起，然後再將兩個數式相減一次。這樣就可以 x, y 值計算出來了。請看例子：

加總後得到：

$$（45x＋23x）－（23y＋45y）＝204$$
$$68x - 68y＝204$$
$$68（x－y）＝204$$
$$x－y＝3$$

再相減後得到答案：

$$（45x－23x）－（23y－45y）＝22$$
$$22x ＋ 22y＝22$$
$$22（x＋y）＝22$$
$$x＋y＝1$$

接下來，要找出 x 和 y 的值就很簡單了。
$$x＝2, \ y＝-1$$

習題：

(1) $37x＋29y＝95$
$29x＋37y＝103$

(2) $12x＋17y＝53$
$17x＋12y＝63$

解答

(1) $x＝1, y＝2$

(2) $x＝3, y＝1$

艾奇維培育中心

　　艾奇維培育中心（The Achiever Institute）是由印度管理學院校友普拉地‧庫馬於1998年7月成立，目的在於培育印度格崗（Gurgaon）地區的學生。由於格崗地區並沒有專為攻讀MBA／CAT的學生設立能夠輔導他們通過入學考試的訓練機構，因此庫馬開辦了艾奇維培育中心。

　　CAT考試一向以靈活命題著稱，解題時需要運用一些技巧。如果想通過這個考試，最重要的就是：1. 快速計算。2. 快速閱讀。

　　艾奇維培育中心的訓練就是以這兩個重點為基礎。除了排定的課程外，還會教導學生「秒算法」。這種計算方式比傳統的運算至少快10～15倍。此外，艾奇維培育中心也會訓練學員快速閱讀，讓他們可以從正常速度的閱讀時間增快到每分鐘800～1000字。

　　艾奇維培育中心提供下列各項服務：
① 提供課堂訓練給有意攻讀MBA／CAT的學生。
② 針對有意攻讀MBA／CAT的學生所設計的基本訓練學程（第二年可以函授）。
③ 小組討論和面試技巧。
④ 增進計算與閱讀能力──秒算法和速解法的專門課程。
⑤ 秒算法──適合於國中程度以上者。
⑥ 模擬面試（專為謀職者面試所設計）。

試著
算算看

國家圖書館出版品預行編目資料

印度吠陀數學秒算法 / 普拉地.庫馬著；羅倩
宜譯. -- 初版. -- 新北市新店區：世茂，
2009.03
　　面；　　公分. -- （數學館；8）
　　譯自：Vedic mathematics
　　ISBN 978-957-776-966-4（平裝）

　1.算術　　2.運算　　3.印度

311.1　　　　　　　　　　　　97022270

數學館 8

印度吠陀數學秒算法

作　　　者／普拉地・庫馬
譯　　　者／羅倩宜
主　　　編／簡玉芬
責任編輯／李冠賢
封面設計／TONY
內文插畫／TONY
版式設計／江依玶
出 版 者／世茂出版有限公司
發 行 人／簡泰雄
登 記 證／局版臺省業字第 564 號
地　　　址／（231）新北市新店區民生路 19 號 5 樓
電　　　話／（02）2218-3277
傳　　　真／（02）2218-3239（訂書專線）、（02）2218-7539
劃撥帳號／19911841
戶　　　名／世茂出版有限公司
　　　　　　　單次郵購總金額未滿 500 元（含），請加 50 元掛號費
酷 書 網／www.coolbooks.com.tw
製　　　版／辰皓國際出版製作有限公司
印　　　刷／祥新彩色印刷公司
初版一刷／2009 年 3 月
初版三刷／2009 年 7 月
二版九刷／2019 年 8 月

ＩＳＢＮ／978-957-776-966-4
定　　　價／200 元

Copyright © 2008 by Sterling Publishers Pvt. Ltd. India
Chinese Translation right arranged with Sterling Publishers (P) Ltd.
through JIA-XI BOOKS CO., LTD, 153, 1F-11, Ming-Seng E. Rd.
Sec. 5, Taipei, Taiwan, Tel：00886 2 27654488,
Fax：00886 2 27607227, Email Id：michelle.here@gmail.com

合法授權・翻印必究

本書如有破損、缺頁、裝訂錯誤，請寄回更換
Printed in Taiwan

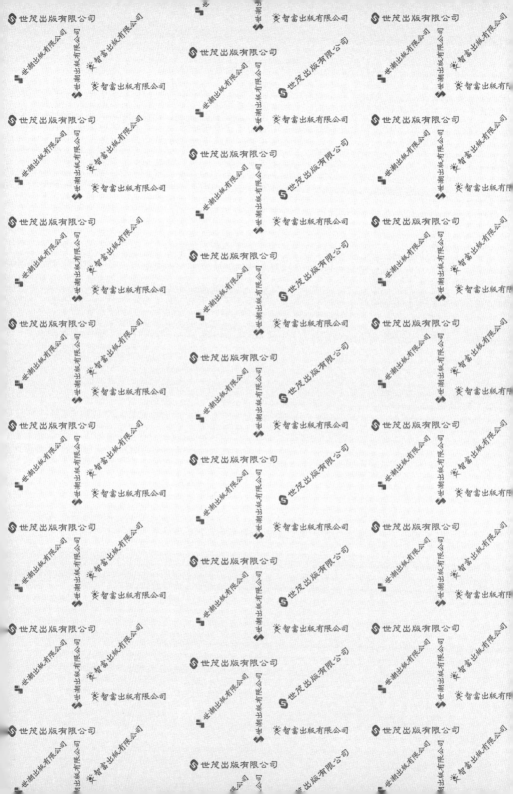